**知识产权
系列教材**

中小企业专利
管理实务（初级）

国家知识产权局◎组织编写

国家中小微企业知识产权培训（南海）基地◎编

知识产权出版社
全国百佳图书出版单位
一北京一

图书在版编目（CIP）数据

中小企业专利管理实务. 初级/国家知识产权局组织编写；国家中小微企业知识产权培训（南海）基地编. —北京：知识产权出版社，2016.9（2020.4 重印）

ISBN 978 – 7 – 5130 – 4160 – 7

Ⅰ.①中… Ⅱ.①国… ②国… Ⅲ.①中小企业—专利—管理 Ⅳ.①G306②F273.1

中国版本图书馆 CIP 数据核字（2016）第 083251 号

内容提要

本书是在对中小微企业专利管理人员的培训实践过程中逐步形成的。内容主要包括企业专利管理概述、专利文献与信息利用、企业专利申请管理、专利权维持与运用、专利侵权纠纷处理等五部分。目标着眼于培养和提高企业专利管理初级人员的实务工作能力，通过企业学员的学习和实践，根据企业实际需求，完成企业专利管理的相关事务。

在本书的编写过程中，曾对多家中小微企业进行了深入调研，并结合培训实践针对企业和学员的需求进行多次修改和完善，具有一定的针对性和实操性。

读者对象：企业知识产权管理人员、知识产权领域的从业人员。

责任编辑：卢海鹰　胡文彬		**责任校对：**董志英
封面设计：张　冀		**责任印制：**刘译文

知识产权系列教材

中小企业专利管理实务（初级）

国家知识产权局　　组织编写

国家中小微企业知识产权培训（南海）基地　编

出版发行：知识产权出版社有限责任公司	**网　址：**http://www.ipph.cn
社　址：北京市海淀区气象路 50 号院	**邮　编：**100081
责编电话：010 – 82000860 转 8730	**责编邮箱：**cuisiq@126.com
发行电话：010 – 82000860 转 8101/8102	**发行传真：**010 – 82000893/82005070/82000270
印　刷：北京嘉恒彩色印刷有限责任公司	**经　销：**各大网上书店、新华书店及相关专业书店
开　本：787mm×1092mm　1/16	**印　张：**11.5
版　次：2016 年 9 月第 1 版	**印　次：**2020 年 4 月第 2 次印刷
字　数：200 千字	**定　价：**38.00 元

ISBN 978 -7 -5130 -4160 -7

中小企业专利管理实务（初级）

本 册 主 编：薛　丹　谢　红　刘西平

本册副主编：姜　新　莫瑶江

编　　　写：吴泉洲　兰定锋　王冬杰　李丹丹

　　　　　　黄培智　伊　直　蓝伟宁　王开智

　　　　　　何焯辉　王　玥　张　璟　王亚琴

　　　　　　何达灿　徐婉贞　王　一　陈秋长

序

　　党的十八届四中全会确立了依法治国的指导思想，并提出完善激励创新的产权制度、知识产权保护制度和促进科技成果转化的体制机制。30 年来，我国知识产权事业取得了举世公认的巨大成就，党中央、国务院高度重视知识产权事业发展，在 2014 年 11 月 5 日召开的国务院常务会议上，再一次全面部署了加强知识产权保护和运用，努力建设知识产权强国，助力创新创业、升级"中国制造"各项工作。建设知识产权强国意义重大，这既是我国知识产权事业发展到现阶段的必然选择，也是我国转变经济发展方式、全面建成小康社会、实现中华民族伟大复兴中国梦的必然要求。

　　在知识产权强国建设中，知识产权人才发挥着重要的支撑作用。作为我国人才队伍中的一支新生力量，知识产权人才是发现人才的人才、保护人才的人才、激励人才的人才，是我国经济社会发展急需紧缺的战略性资源。可以说，实现创新驱动发展，人才是基础；建设知识产权强国，人才是保障。"十二五"以来，全国知识产权培训工作蓬勃发展，为我国知识产权人才培养奠定了坚实的基础。全国知识产权系统大力开展针对党政领导干部、企事业单位、高校和科研机构、知识产权服务业等各级各类知识产权人才的培训，推动了全国知识产权培训工作科学化、标准化和体系化发展，产生了良好的社会效应。

　　知识产权教材建设是知识产权人才培养与培训的基础性工作，也是我国知识产权理论和实践成果的集中体现。国家知识产权局高度重视知识产权教材建设，自 2012 年启动教材编写工作以来，组织编写了一套具有权威性、实用性和系统性的精品教材，加强对企事业单位等实务型人才的培养，为知识产权人才培训提供服务。该系列教材邀请了一批具有深厚学术功底和丰富实践经验的专家学者承担编写任务，同时广泛听取了各领域专家学者的意见建议，做到质量为先、字斟句酌。教材建设工作力求解决知识产权工作实际问题，推动我国知识产权人才队伍建设，为建设具有中国特色、具备世界水平的知识产权强国提供坚实的人才保证和智力支持。

申长雨

2014 年 12 月

目　　录

第一章　企业专利管理概述

学习目标

通过学习，了解知识产权的概念、种类、特征，企业知识产权工作基本概念，专利权的概念及类型，专利权的保护范围，专利管理的基本概念，理解企业专利管理工作的作用，掌握专利管理组织形式的选择和专利管理制度的基本内容。

知识产权制度是智力成果所有人在一定的期限内依法对其智力成果享有独占权，并受到保护的法律制度。没有权利人的许可，任何人都不得擅自使用其智力成果。实施知识产权制度，可以起到激励创新、保护人们的智力劳动成果并促进其转化为现实生产力的作用。它是一种推动科技进步、经济发展、文化繁荣的激励和保护机制。

事实上，知识产权制度是将智力成果资产化的重要现代法律制度。在知识经济和经济全球化的背景下，越来越多的企业意识到知识产权的重要性，将其视为企业重要资产来进行管理，知识产权管理已经像生产管理、财务管理、人力资源管理等一样成为企业不可或缺的管理职能。

第一节　企业知识产权工作概述

我们先来看两个案例：

案例链接 1－1

A 家具厂生产了一批办公家具，出货不久，意外接到法院传票，涉嫌侵犯 B 企业的外观设计专利权。这批家具是自己工厂设计、制造的产品，怎么会成为被告呢？原来，B 企业早在一年前已申请并获得该同类产品的外观设计专利。最后法院判决 A 家具厂停止制造，并赔偿 B 企业损失。

——A 家具厂怎么能知道他人已获得专利？如何避免这类问题呢？

案例链接 1 - 2

佛山市南海区某科技有限公司是专业从事制鞋、服装、箱包手袋等行业 CAD/CAM 系统开发应用，平板式电脑切割机及相关机电一体化产品的研发、生产、销售和服务的高新技术企业。近年来，该公司产品相继获得发明专利 1 件、实用新型专利及外观设计专利 30 多件和软件著作权 9 件，其中已有 20 项技术成果转化为高新技术产品。在 2010～2013 年，该公司将自己研发的专利进行了知识产权质押融资的价值评估，分别向两家银行申请知识产权质押贷款，累计获得贷款 670 万元。

——知识产权不仅保护企业的创新成果，也是企业的无形财产。

从上述案例可以看出，知识产权已经与企业生产经营活动密切相关，是市场竞争的一部分，是生意顺利进行，尤其是企业做大做强、持续发展的重要保证。

一、知识产权的基本概念

"知识产权"中文表述直接来自世界知识产权组织（World Intellectual Property Organization，WIPO）及其《建立世界知识产权组织公约》，是对英文"Intellectual Property"的意译。[1] 我国于 1987 年 1 月 1 日实施的《民法通则》第五章第三节明确采用了"知识产权"一词，并且将知识产权与"物权""债权""人身权"并列。在我国台湾地区则直接将"Intellectual Property"译为"智慧财产权"。

目前，国内外在法律规范中尚无明文定义知识产权的法律条文，世界知识产权组织（WIPO）的《建立世界知识产权组织公约》和世界贸易组织（WTO）的《与贸易有关的知识产权协议》（TRIPS）对知识产权也只是列举出知识产权的具体种类和范围。《建立世界知识产权组织公约》第 2 条规定：知识产权包括关于文学、艺术和科学作品的权利；关于表演艺术家的演出、录音和广播的权利；关于人们努力在一切领域的发明的权利；关于科学发现的权利；关于工业品外观设计的权利；关于商标、服务商标、厂商名称和标记权利；关于制止不正当竞争的权利；以及在工业、科学、文学或艺术领域里一切其他来自知识活动的权利。TRIPS 第二部分规定：知识产权包括著作权与邻接权、商标权、地理标志权、工业品外观设计权、专利权、集成电路布图设计权、未披露过的信息专有权。

---

[1] 陶鑫良. 知识产权基础 [M]. 北京：知识产权出版社，2006：1.

二、知识产权的主要特征

知识产权的客体是智力成果，它通常是创造性智力劳动的产物，其本质是一种信息。作为智力成果本质的信息，其根本特点是无形性。智力成果必须通过一定、有形的物质载体才能得以体现，且这种物质载体的形式并不是唯一的。知识产权的客体所赖以依附的有形载体可以被复制和仿造，知识产权权利人只对若干有形载体中所反映出的同一信息享有专有权。在一定时空条件下，同一智力成果可以被若干个主体同时使用，并且这种使用不会像有形物那样发生有形损耗，也不会由于实物形态消费而导致其本身的灭失。

关于知识产权的特征，还存在多种观点，其主要有以下几个特征。

（一）法定性

无论是依法申请获准的专利权、注册商标权，还是依法自动产生的著作权、商业秘密权，都必须依法律的明确规定而发生，不得自由创设。尽管所有的民事权利都是法定的，但由于作为知识产权客体的智力成果是无形的，智力成果及其知识产权的使用是多元的，人们无法对智力成果像对有形物一样实现有形的唯一的占有与处分，所以知识产权的权利更需要通过法律才能确定并且得以实现。

（二）专有性

知识产权的专有性，主要表现在两个方面：第一，知识产权是一种受法律保护的垄断性权利，权利人对其依法享有知识产权的智力成果，具有独占、排他、合法垄断性质的权利。除法律另有规定外，未经权利人许可，任何个人或者单位都不得擅自实施权利人所拥有的受法律保护的知识产权。例如，在案例链接 1 - 1 中，B 公司已经申请并获得了那款办公家具的外观设计专利权，其他人未经许可就不能制造同款产品。第二，在专利、商标等依法申请审批获得的知识产权中，对同一项智力成果，不允许有两个或两个以上同一属性的专利权、注册商标权之类知识产权并存。例如，《专利法》第九条第二款规定，对于两个以上的申请人就同样的发明创造申请专利的，专利权授予最先申请的人。

（三）地域性

知识产权只能依据一定国家或者地区的法律产生，并只在其依法产生的国家或地区内有效。知识产权地域性突出的一个重要原因是依法申请获准的知识产权，如专利权、注册商标权，必须履行和完成相应的法律规定的程序与手续。要在某一国家取得受该国法律保护的专利权，必须要办理该国的专利申请手续并且获得批准（包括 PCT 申请）。

（四）时间性

大部分知识产权的财产权以及著作权人身权利中的发表权，是法律赋予了期限性的民事权利。各国法律规定了本国各类知识产权的保护期限。例如，我国法律规定，发明专利的保护期限为 20 年，实用新型和外观设计专利的保护期限为 10 年；集成电路布图设计专有权的保护期限为 10 年；藤本植物、林木、果树和观赏树木等植物新品种权的保护期限为 20 年，其他植物新品种权的保护期限为 15 年；著作权中的财产权和发表权为作者有生之年加死后 50 年；注册商标专用权有效期为 10 年，期满可以续展，续展一次为期 10 年，续展次数不加限制。对著作权中的署名权、修改权、保护作品完整权等著作权人身权，保护期限不受限制。但对于商业秘密、企业名称及商号、发现权、发明权等权利的保护期限，我国法律没有特别规定。

另外，知识产权同其他有形的财产权利一样具有经济价值，知识产权中的财产权也可以依法进行转让、许可使用、权利质押等，应像管理其他有形财产权利一样对其进行经营管理，使其产生最大的经济效益。

三、知识产权的种类

我国法律保护的知识产权的种类主要有：

（1）著作权及其邻接权（包括计算机软件著作权）。

（2）发明专利权、实用新型专利权与外观设计专利权。

（3）农业与林业植物新品种权。

（4）包含技术秘密与经营秘密的商业秘密。

（5）注册商标专用权。

（6）未注册商标，包括知名商品特有的名称、包装、装潢的权益。

（7）企业名称（厂商名称）及其商号（字号）。

（8）地理标志权即原产地名称权。

（9）特殊标志权利以及奥林匹克标志权利、世界博览会标志权利等。

（10）其他，如发现权、发明权和其他科技成果权等。

四、不同种类知识产权所针对的保护领域

知识产权的内容虽然很多，但是不同种类的知识产权所针对的保护领域是不同的。因此，企业应该针对发展的不同阶段和各自的特点，选择针对性强的知识产权的种类予以重点保护。

简单举例说明如下：

（1）专利权主要是用于保护发明创造，包括技术创新及产品外观设计方面的创新。专利权保护存在新颖性、创造性、实用性要求。因此，企业开展科技创新活动、开发新产品时应及时寻求专利权保护。

（2）商标权主要是用于保护品牌。企业均有市场开拓和品牌建设方面的需求，因此商标保护问题是绝大多数企业都会遇到的问题。而且，由于商标审批需要时间及存在不确定性，以及"商标抢注"现象的客观存在，因此商标保护需要超前意识及适当拓宽保护范围。

（3）著作权可用于保护文字作品、美术作品以及影视作品、表演作品、声音作品、雕塑作品等各种作品，其保护范围十分广泛。计算机软件也可以进行著作权保护。但是一般来说，著作权主要是保护作品的表现形式，而不能保护其内在思想内容。因此，在某些情况下，如要对作品进行较全面的保护，还需要配合其他形式的知识产权保护。例如，对于计算机软件的保护，就可以通过计算机软件著作权登记和专利保护结合进行。

五、知识产权制度的作用

知识产权制度是随着市场经济发展而建立的现代法律制度，在现代市场经济体系中具有重要地位。尤其是世界进入知识经济时代后，知识产权制度成为最重要的现代法律制度之一。

例如，专利制度的基本功能是法律保护和技术公开。专利制度给发明创造者提供法律保护，又激励竞争对手在高起点上去开展新的创新，从而激发了全社会发明创造的积极性；也正是因为有了法律保护才使发明创造信息向全社会公开传播成为可能，促进了发明创造的推广应用，从而加速了整个人类社会科技和生产力水平的提高。在这些基本功能之外，还衍生出很多其他功能，如资产运作、技术合作等。

六、企业知识产权工作的基本概念

一般来说，企业知识产权工作主要指知识产权管理工作，是指企业围

绕知识产权所开展的规划、组织、协调、控制的系列活动的总称，具体包括知识产权管理机构建立、知识产权相关管理制度的建设、人员配置与培训、知识产权获取管理、知识产权运营管理、知识产权纠纷处理、知识产权战略等内容。

企业应像对待生产管理、人力资源管理、财务管理、市场营销等一样来对待知识产权管理，将其作为企业运营管理不可或缺的一项职能，建立相应的管理体系、配备相应的人员、建立相关管理制度、明确工作流程。

本节要点

1. 知识产权与企业生产经营活动密切相关，是市场竞争的一部分，是生意顺利进行，尤其是企业做大做强、持续发展的重要保证。

2. 知识产权的主要特征包括法定性、专有性、地域性和时间性。不同种类的知识产权有其不同的适用领域。

3. 企业知识产权工作即知识产权管理工作，是指企业围绕知识产权所开展的规划、组织、协调、控制的系列活动的总称，具体包括知识产权管理机构建立、知识产权相关管理制度的建设、人员配置与培训、知识产权获取管理、知识产权运营管理、知识产权纠纷处理、知识产权战略等内容。

第二节　企业专利管理的内容与作用

企业专利管理是企业知识产权管理的一项重要内容，涉及企业对技术创新成果的研发、保护、运用等各个方面的管理，主要是围绕企业专利工作开展的管理工作。

一、专利权概述

（一）专利权的概念

专利一词来源于拉丁语 Litterae Patentes，意为公开的信件或公共文献，是中世纪的君主用来颁布某种特权的证明，后来指英国国王亲自签署的独占权利证书。到了今天，随着长期的历史演变，专利已经成为专用的法律名词。我们日常用到的"专利"一词，在不同场合有不同含义，至少包括专利技术、专利文献、专利权等三种含义。

专利权（Patent Right），是指一个国家（或地区）专利主管机关依法授予专利申请人或其专利申请权继受人在法定期限内，在该国（或地区）法域内享有的对相应发明创造的独占性权利。❶

（二）专利权的类别

根据我国《专利法》规定，该法所称的发明创造分为发明、实用新型和外观设计三种类型，因此我们可以将专利分为发明专利、实用新型专利和外观设计专利三种类型。

1. 发明专利

发明专利适用于对产品、方法或其改进所提出的新的技术方案。发明可以分为产品发明、方法发明。产品发明是指仪表、机器、设备、装置或者液态、气态、粉末状物质等人类创造的有形物。方法发明是指制造特定产品或者实现特定技术目标采用的工艺流程、制造方法、技术手段以及开拓性的用途的发明创造。

2. 实用新型专利

实用新型专利适用于指对产品的形状、构造或者其结合所提出的适于实用的新的技术方案。实用新型专利必须是产品发明，而方法发明及用途发明都不能申请实用新型专利，实用新型专利还必须是具有固定形状和构造的产品发明创造，没有固定形状和构造的气态、液态和粉末、颗粒状物质以及单纯的电路等不能申请实用新型专利。

3. 外观设计专利

外观设计专利，适用于对产品的形状、图案或者其结合以及色彩与形状、图案的结合所作出的富有美感并适于工业应用的新设计。

（三）专利权的保护范围

《专利法》第五十九条第一款规定，发明或者实用新型专利权的保护范围以其权利要求的内容为准，说明书及附图可以用于解释权利要求的内容。这里所说的权利要求，不是指专利申请人提出专利申请时，记载在权利要求书中的权利要求内容，而是指经过专利局审查批准后，很可能已经作修改补正的，最后作为专利局授予专利权依据的权利要求内容。简单来说，就是专利权的保护范围应以授权时的权利要求为准，而不是以申请时的权利要求为准。

---

❶　陶鑫良. 知识产权基础［M］. 北京：知识产权出版社，2006：51.

《专利法》第五十九条第二款规定，外观设计专利权的保护范围以表示在图片或者照片中的该产品的外观设计为准，简要说明可以用于解释图片或者照片所表示的该产品的外观设计。《专利法》保护的外观设计是具有独创性的设计方案，即只有图片或者照片所示设计中的创新点才是外观设计专利权的保护范围。

二、企业专利管理的概念与内容

企业专利管理是企业专利管理机构与专利管理人员，在企业相关部门的配合和支持下，为在企业贯彻专利制度，促进企业技术进步和创新，促进企业提高经济效益而对专利事务进行的战略策划、规划、监督、保护、组织、协调等活动的总称。❶

企业专利管理的内容主要包括：

1. 专利管理体系建设

专利管理体系建设主要是指建立适合于企业发展阶段和实际情况的专利管理组织架构、配备相应的专利管理人员、建立专利管理相关的制度、明确专利管理工作流程。

2. 技术及专利信息收集与利用

技术及专利信息收集与利用是指在企业技术研发、专利申请、进入国际市场、专利纠纷处理等专利事务中，搜集与企业产品所涉及的领域的现有技术及专利信息，以提供技术参考、启迪创新思路、避免重复研发、防止专利纠纷。

3. 专利申请管理

专利申请管理主要包括是否申请专利决策、制订专利申请方案、准备技术交底书、选择专利代理机构、准备专利申请文件、专利申请过程管理、专利文件归档与监控等内容。

4. 专利权的维护与管理

专利权的维护与管理主要包括评估现有专利权的价值以决定维持还是放弃、专利年费缴纳管理、专利无效的应对等内容。

5. 专利运营管理

专利运营管理主要通过对现存专利资产的有效运作，最大限度地实现

---

❶ 冯晓青. 企业专利管理若干问题研究 [J]. 湖南文理学院学报（社会科学版），2007，32（2）：17－22.

其价值。具体包括专利权实施许可与转让管理、质押或信托融资、参与专利联盟与专利池、利用专利参与商业谈判等内容。

6. 专利纠纷处理

专利纠纷处理主要包括专利权人专利纠纷处理方式选择及具体流程办理、涉嫌侵权人应对专利纠纷处理、他人假冒专利应对处理等。

7. 专利战略运用

专利战略运用是通过将企业的专利管理工作与经营战略有机结合，充分发挥专利制度的激励创新、保护市场和资产纽带等作用，为企业谋取长期发展的战略利益。

三、企业专利管理的作用

企业加强专利管理具体有以下作用。

1. 有利于树立良好的企业形象

企业通过开展专利管理，积极进行技术创新，获取行业先进技术专利，本身就给顾客和社会大众树立了先进、高科技公司的形象。另外，这些先进的专利技术应用于企业的产品和服务中，让顾客得到好的体验，增强顾客对企业的信赖和忠诚，也能在顾客中间形成好的口碑。例如，华为技术有限公司非常注重技术研发，其生产的手机产品中用到自己研发的芯片等核心部件，其中就包含了很多专利，给消费者树立了拥有雄厚技术实力的科技公司形象，让消费者对其产品和服务质量更加信赖，从而促进了市场销售。

2. 增强企业创新能力

企业通过开展专利管理，建立专利管理体系，通过对专利工作进行规划，合理配置企业的科技资源，通过激励机制促进企业科研技术人员跟踪技术前沿，积极创新，增强企业创新能力。另外，专利制度是一种激励发明创造的机制和技术创新的机制，企业积极创新，获取专利技术，从而获得市场竞争优势，取得较好的经济效益，反过来又能为研发创新投入更多的资源，进一步促进企业的技术创新。

3. 增强专利保护能力

企业通过开展专利管理，对企业的发明创造及时申请专利，积极利用法律制度保护企业的发明创造，避免其被竞争对手模仿或仿冒，进而保护企业的市场竞争优势。另外，企业通过开展专利管理，密切关注国内外市场同行业竞争对手技术发展情况和专利信息，及时发现竞争对手的专利侵权行为，及时采取有效措施制止竞争对手的专利侵权行为。同时在这个过程中，企业通过积累丰富的专利保护经验，对专利保护相关的法律法规更加熟悉，增强了专利保护能力。

案例链接 1 - 3

专利管理制度制止竞争对手的侵权行为

某厂专业生产人造大理石产品，因产品质量好、销路广，为企业带来了很好的经济效益。可是，最近在市场上发现了和该厂一样的同类产品，直接影响到了该厂的产品销售。经了解得知，是另一厂家高薪挖走该厂的一位人才后所设计和生产的……幸好，某厂不但有技术秘密保密制度，而且还就该项技术拥有有效专利，他们向法院起诉，避免了损失。

4. 增强应对专利纠纷处理能力

企业通过专利管理，设置专门机构或配备专业人员来处理专利事务工作，明确了相关工作流程和决策程序，同时也积累了专利工作经验。这样，企业在应对专利纠纷时就有专业的人员按非常明确的程序来进行处理，处理的方式方法选择就会比较科学合理。

5. 提升专利运营和专利战略运用能力

专利权作为企业重要的无形资产，企业通过专利管理，有意识地挖掘专利价值，积极地通过自我实施、转让、实施许可授权他人使用、质押或信托等方式发挥专利最大的价值，从而提升了企业专利运营和专利战略运用能力，最终促进了企业的发展。

案例链接 1 - 4

联想公司利用专利战略获得快速发展❶

2000 年以前，联想公司的专利申请量很少。随着联想公司国际业务的开展，其领导层感到面临的专利威胁越来越大。于是，联想公司在 2000 年成立了技术发展部，以加强公司对专利的统一管理。通过专门化管理，联想公司的专利申请量有了极大改观，一年内就达到了上百件专利申请。2000 年以后，联想公司更加重视专利战略管理，在产品链管理部又设立了专利信息中心，统筹专利管理工作。此后，联想公司又建立了矩阵式专利管理系统，内容涵盖从立项到研究、开发，从工程化到生产制造等整个流程。在这一管理流程中，联想公司对相关级别的专利人员进行的专利规

---

❶ 冯晓青. 企业专利管理若干问题研究 [J]. 湖南文理学院学报（社会科学版），2007，32（2）：17 - 22.

划、挖掘、完善、申报等工作都需先进行专利认证工作。这一管理模式取得了明显的效果。2002 年 1~10 月，联想公司就产生 300 件专利，并且有 120 件是发明专利。联想公司专利管理的出色成绩，为其电脑产品占领市场作出了重要贡献。联想公司生产的拥有 42 件专利的天禧电脑，在 2000 年就为企业带来了 37.5 亿元的利润。现在联想电脑年产量已超过百万台，全球个人电脑市场占有率达 30%。

本节要点

1. 专利权（Patent Right），是指一个国家（或地区）专利主管机关依法授予专利申请人或其专利申请权继受人在法定期限内，在该国（或地区）法域内享有的对相应发明创造的独占性权利。

2. 我国《专利法》所保护的专利包括发明专利、实用新型专利和外观设计专利三种类型。

3. 发明或者实用新型专利权的保护范围以其权利要求的内容为准，说明书及附图可以用于解释权利要求的内容。外观设计专利权的保护范围以表示在图片或者照片中的该产品的外观设计为准，简要说明可以用于解释图片或者照片所表示的该产品的外观设计。

4. 企业专利管理是企业专利管理机构与专利管理人员，在企业相关部门的配合和支持下，为企业贯彻专利制度，促进企业技术进步和创新，促进企业提高经济效益而对专利事务进行的战略策划、规划、监督、保护、组织、协调等活动的总称。

5. 企业专利管理的内容主要包括：专利管理体系建设、技术及专利信息收集与利用、专利申请管理、专利权的维护与利用、专利运营管理、专利纠纷处理等内容。

6. 企业专利管理具有以下作用：树立良好的企业形象、增强企业创新能力、增强专利保护能力、提升专利运营能力、增强应对专利纠纷的处理能力。

第三节　企业专利管理体系与制度简介

开展企业专利管理工作，应当有相应的管理部门、管理人员、管理制度等作为保障。

一、企业专利管理体系

（一）企业专利管理模式

目前企业专利管理主要有集中管理、分级管理和专任管理三种模式。

（1）集中管理模式是指在企业中设立独立的专利部门或知识产权部门，专门负责企业的专利事务，并协调其余部门配合专利事务工作。这种组织模式适合于规模较大、专利工作量较大的企业。

（2）分级管理模式是指在企业总部设置知识产权管理部门（专利事务部或知识产权部），在各下属工厂或二级单位设置专利室或专利管理员，各专利室或专利管理员向总部知识产权管理部门汇报工作，而人员管理属于各下属工厂或者二级单位。这种模式适用规模较大的集团公司。

（3）专任管理是指不设置独立的管理部门，在总经办部门或者研发管理部门、法务部门、市场管理部门等安排专职或兼职人员，专门负责处理具体专利事务并协调企业其他部门配合专利工作。这种模式适合于规模较小、专利事务工作不多的中小企业。

（二）中小企业专利管理组织方式的选择

中小企业应根据其业务规模的大小和专利工作的需要来设置专利管理架构。

以下提供一些常见的专利管理架构的模式供大家参考，企业可以根据自身的特点和发展需要作出合乎情况的选择。

有专家认为，企业专利管理一般经历如图1-1所示的发展阶段。

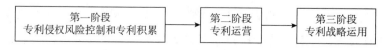

图1-1 企业专利管理发展阶段

第一阶段是专利侵权风险控制和专利积累阶段，也称为起步阶段。企业自身的专利还比较少，主要工作是一方面要规避专利侵权风险，另一方面是要积累自己的专利。此时一般企业专利事务工作相对较少，暂时没有必要单独设置一个管理专利事务工作的职能部门，可以把专利管理职能暂时放在其他职能部门，如行政管理部门、研究开发部门、法务部门或者市场管理部门等；在人员配置上，一开始可以安排一个其他岗位人员兼职负责专利管理工作，主要通过委托专利代理机构来完成专利检索、专利申请和侵权分析等工作。但随着专利数量积累到一定程度以后，企业开始有意识地追求专利工作质量的提升，就需单独设置较为专业的专利管理人员专门负责企业专利工作。

企业需要特别注意的是，在起步阶段，虽然可以利用兼职人员暂时管理专利工作，但是鉴于专利工作专业性比较强，因此人员还是应该相对固定，并且尽可能参加一些专业领域的培训，例如，知识产权与专利基础知识、企业专利管理、专利信息检索等方面的培训。此时，很多专利管理工作需要依靠外部的专利代理机构协助完成。专利管理人员对专利工作理解的深浅，将直接关系到与专利代理机构沟通的顺畅程度，也关系到企业专利工作开展的好坏程度。

在这个阶段，中小企业也可以选择委托管理，委托专利服务机构来代理管理企业专利事务。如果选择委托管理，中小企业应注重专利服务机构的选择，一般从该专利服务机构所擅长的领域、从业经验、服务过企业的经历等方面来考察，选择在本企业涉及的专业领域拥有丰富经验的服务机构，同时应该关注服务机构对于托管专利的管理流程、管理权限，以及对于托管专利的风险控制和价值转化能力。另外，要注重合同的签订和工作中的配合与跟进。

第二阶段是专利运营阶段，也称为发展阶段。企业专利数量积累到较多的程度时，企业已经开始有意识地开展专利维权、专利实施许可和转让等运营工作，这时可以单独设置专利管理人员岗位，配置一位或多位具备专利管理基础工作素质、较为专业的人员，以管理专利工作和协助企业各部门人员有意识地开展专利维权和专利运营工作。

随着企业专利工作的进一步深入，专利工作内容越来越多、越来越复杂，单靠一两个人无法应付专利管理工作时，企业应单独设置一个管理知识产权工作的职能部门，对专利管理工作要进行细化分工，设置不同的岗位，然后按照每个岗位的素质要求来配置人员。

第三阶段是专利战略运用阶段，也称为相对成熟阶段。随着企业对专利工作理解的不断加强，企业专利工作的层次可以进一步提高，进入专利战略运用阶段。专利战略是充分运用专利制度的各种功能，结合企业的经营运作，充分发挥专利制度的鼓励创新和保护创新以及资产化纽带等作用，为企业谋取最大化的利益。目前国内外已经有不少企业成功实施专利战略的案例。不是只有大企业才能实行专利战略，中小企业一样也可以根据自己的特点来实施专利战略。实施专利战略要求企业不仅要有专利管理人员，还要求高级管理人员熟悉专利管理与运营。

当然，上述模式只是常见的模式供大家参考，不同企业有不同的特点，应该根据实际情况的不同予以变化。例如，对于以科技创新为重要特点的创新型企业，则在一开始阶段就应该配置足够强的专利管理力量，将专利工作与科技创新工作有机结合起来，充分发挥专利制度的信息公开、市场保护，乃至融资与合作纽带等作用，为企业加速发展服务。

二、企业专利管理人员的岗位职责

不同规模的企业对专利管理工作的要求不同，专利管理人员岗位职责也有所不同。这里简单介绍中小企业专利管理人员岗位职责，主要包括：

（1）全面负责专利管理工作，协助企业领导确定企业专利发展方向，参与新产品开发与技术规划。

（2）协助制订并执行专利工作程序及管理办法。

（3）收集国内外专利技术信息，进行（或委托服务机构进行）专利检索分析、专利预警分析等。

（4）组织开展企业员工专利知识培训。

（5）协调技术研发部门撰写技术交底书，联系委托专利代理机构进行专利申请工作并跟踪进度，及时协调督促发明人和专利代理机构回复中间文件等。

（6）做好专利权的维护，包括按时办理登记手续、每年按时缴纳年费，以及建议领导决策专利权的放弃或维持等。

（7）联系专利代理机构或律师事务所处理专利纠纷。

（8）负责专利实施许可合同、专利转让合同签订中的管理工作。

（9）专利相关文件归档管理。

（10）领导交办的其他任务。

三、企业专利管理制度

（一）企业专利管理制度概念及作用

企业专利管理制度是指导和规范专利工作的流程、方法、标准和制度的总和。根据国家知识产权局《企事业单位专利工作管理制度制定指南》，专利工作管理制度的基本内容主要包括专利工作机构及其职责、专利制度的运用、专利权的管理、专利奖惩等。

企业专利管理制度的根本作用就是要规范本企业的专利工作，在研发、生产、经营活动中充分运用专利及专利制度的特性和功能，增强本企业的市场竞争力，争取最佳经济和社会效益。

（二）企业专利管理制度的基本框架

企业专利管理制度涉及企业专利管理机构、专利申请、专利维权、专利风险控制、专利实施、专利运营、专利信息利用、专利考核奖惩、专利培训等多方面的管理制度和机制。有知识产权管理专家按照企业相关专利管理制度需要实现的功能，设计出的企业专利管理制度的基本框架大致包含如图1-2所示的多个方面。

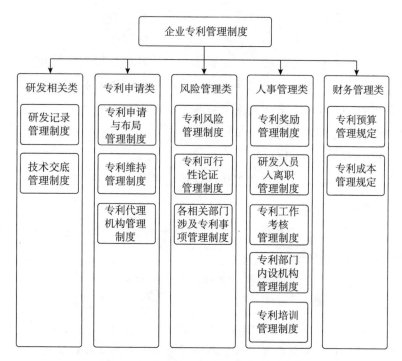

图1-2　企业专利管理制度基本框架❶

中小企业应当根据企业专利工作发展水平的实际需要来建立和完善企业专利管理制度。

（三）企业专利管理制度主要构成

一般来说，中小企业专利管理制度主要包括总则、工作机构及其职责、研发记录管理制度、员工保密制度、专利奖励制度、专利培训制度等。

1. 总则

总则主要对制定专利工作管理制度的目的、专利工作的目的与任务、

---

❶　杨铁军. 企业专利工作实务手册［M］. 北京：知识产权出版社，2013.

制度的适用范围作出规定。

资料卡片 1-1

以下是国家知识产权局《企事业单位专利工作管理制度制定指南》❶中的总则：

第一章 总 则

第一条 为规范本单位专利管理工作，特制定本制度。

第二条 专利工作的目的：在研发、生产、经营活动中充分运用专利及专利制度的特性和功能，增强本单位的市场竞争力，争取最佳经济和社会效益。

第三条 专利工作的任务：根据本单位的经营目标和发展战略，制定符合本单位实际情况的专利工作方针、专利战略和具体工作措施。

第四条 专利工作管理制度实施范围：本制度在本单位各部门及下属单位施行。

2. 工作机构及其职责

这部分是对企业管理专利工作的机构及其职责进行规定。

资料卡片 1-2

以下是国家知识产权局《企事业单位专利工作管理制度制定指南》❷中对这部分提供的样板。

第二章 工作机构及其职责

第五条 本单位设立专利工作部，负责本单位的专利管理工作。

第六条 本单位设立专利工作专项资金，由专利工作部统一管理，用于专利培训、专利奖酬、专利工作事务及专利信息网络建设等费用支出。

第七条 本单位专利工作部的基本职责包括：

1. 制定专利工作管理办法；

2. 制定专利工作的长远规划和年度计划；

3. 组织、参与专利战略的制定和实施；

4. 组织、指导、协调、检查各部门的专利工作；

5. 组织专利宣传、培训；

6. 管理专利文献，建立专利信息数据库，提供专利信息检索、分析服务；

---

❶❷ 企事业单位专利工作管理制度制定指南 [EB/OL].（2008-04-19）. http://www.sipo.gov.cn/zxft/xtssztzscqhggl/bjzl/200804/t20080419_383980.html.

7. 管理专利申报工作，提供专利咨询服务；

8. 办理专利申请、专利权的维护、专利资产评估、专利合同备案、专利权质押、专利广告证明和处理本单位专利纠纷等事务；

9. 实施专利奖惩；

10. 管理专利工作专项资金。

3. 研发记录管理制度

研发记录管理制度是对在企业研发过程中研发人员记录研发过程中涉及的各项与研发相关的文字、材料、图表、过程等信息进行规范。研发记录不仅在研发工作中具有记录、备忘的功能，而且在法律上还具有证明某项技术创新思想的形成时间功能，对于判断某项专利申请的新颖性、创造性具有重要作用，而且还可能证明发明创造是由哪位或哪几位研发人员完成，能够有效保护企业及研发人员的合法权益。另外，研发记录为进一步开展专利申请工作提供了有利的条件。当一项技术或方案形成发明时，研发记录不仅有助于研发人员填写"专利技术交底书"，开始专利申请的第一步，而且也利于企业保留研发证据，以用于在采用先发明原则的国家申请专利及后期专利审查程序中的证据提供。

在具体实务中，企业大都采用研发记录簿作为记录研发过程的载体。

（1）研发记录簿的内容。研发记录簿主要记录与研发相关的讨论、会议、教育训练以及研发、设计时的笔记。企业要求研发记录中应明确相关人、事、时、地、物，记录详细程度应足以使所属技术领域的技术人员，不必经由完成此发明的相关人士的协助，即可了解完成的发明内容。

（2）研发记录簿的记载方式。研发记录簿记载方式的正确与否直接影响其有效性和证据力。企业应在研发记录簿首页即以"使用说明"明确标示注意事项。如要求：以不可擦拭的笔记载，所有签名处应签中文全名（姓＋名），日期处需包括年、月、日，如书写错误，请用笔划掉，勿用修正液。隔日记录应换页填写，应连续使用，勿跳页或遗留空页。页末加注"以下空白"，或将空白处打×作废。企业还应让见证人于研发记录簿内相关说明处签名见证，以示研发过程的真实有效。见证人应具备相关专业知识或背景，能了解该发明技术主题，且应确实阅读见证资料，对于重要发明要求见证人最好两人以上。企业应对使用研发记录簿的员工进行使用和管理的培训。

（3）管理和监督。企业应对研发记录簿进行严格管理，必须有专人管理，由其负责发放和回收，并对研发记录簿进行编号、登记。技术研发人员入职时领用，用完一本回收一本，离职时全部回收。在使用过程中，无论是研发记录簿的管理人员还是使用人员，都应当进行严格的保密和保管，不得泄露、丢失和损毁。

为监督研发人员认真填写研发记录簿，确保研发记录簿的记录质量，企业应安排专人定期对研发部门进行抽查，并依研发记录簿中所述"研发记录簿注意事项"为标准，对研发工程师的研发记录簿作出评定，将评定结果通知送交研发部门主管，列入员工年终考核参考，以此促使员工重视研发记录簿，保质保量地完成研发记录簿的填写。

4. 员工保密制度

员工保密制度对企业专利工作非常重要，直接影响到企业的专利价值、企业的发明创造能否得到有效的保护。因此建议企业应该建立保密制度并向全体员工公布，对于各个单位需要保密的信息应有明确规定并告知员工。企业在员工入职时应与员工签订保密协议，并且在员工离职之前，对员工使用企业的电脑设备、外部连接设备、电子邮件等进行检查，确保该员工不带走属于本企业的商业秘密或者未经披露的技术秘密。在员工办理离职手续期间，应对其所掌握的企业资料进行梳理，根据员工岗位内容设定合理的脱密期。企业可以要求员工离职以后一定期限内禁止从事同本企业相竞争的业务，即竞业限制，但竞业限制协议必须符合相关法律规定。

企业可以采取在员工劳动协议中注明保密条款，也可以与员工单独签订保密协议。以下是××公司制定的保密协议。

案例链接 1-5

××公司知识产权保密协议内容

第一条　乙方为甲方的聘用员工。乙方应理解甲方拥有的商业秘密事项和其他知识产权是甲方生产、市场竞争和经济增长的关键所在。因此，忠诚保护属于甲方的商业秘密事项和其他知识产权是甲方聘用乙方的重要条件之一，乙方同意签订并严格遵守本协议。

第二条　本协议所称知识产权系指以下内容：

（一）专利权：是指发明、实用新型、外观设计；

（二）商标权：是公司及所属公司拥有的注册商标、商号等；

（三）著作权：是指利用公司的物质技术条件创作，并由公司承担责任的工程设计、产品设计图及其说明、计算机软件、集成电路布图设计、科学技术著作等；

（四）商业秘密：是指不为公众所知，能为公司带来经济效益，具有实用性并经公司采取保密措施的技术信息和经营信息。

技术秘密是指公司新产品、产品配方、工厂自制设备及对设备的改进、工艺配方、生产技术报告、工程设计、产品设计图纸及其说明、计算机软件、涉及公司技术秘密的摄影、录像等。

经营秘密是指公司制定的产销策略、往来客户名单及其购销合同、协议、档案、市场、价格、财务经营信息以及公司特有的管理方式。

第三条　乙方受聘为甲方工作服务而接触的上述各种资讯，均推定为甲方的知识产权，但乙方能举证非属甲方知识产权者不在此内。

第四条　双方同意乙方在受聘期间的职务智力劳动成果，或在甲方企划下开发、创作、生产、制造、销售的任何发明、发现、构思、概念、公式、程序、制造技术、著作、商业秘密、创意或改进等，不论可否取得专利权、商标专用权、著作权、科技成果等知识产权，均归甲方所有。

乙方同意依甲方要求，采取一切甲方认为取得及保持前述知识产权所需的一切行为，包括申请、注册、登记等，并同意依甲方的指示，出具必要的措施确认甲方的知识产权。

……

第十一条　乙方辞职时，除按劳动合同办理外，解除劳动关系后，甲方将在乙方办理离职手续时支付月工资的3倍作为补偿。

第十二条　乙方如违反本协议任一条款，应无条件支付给甲方惩罚性违约金贰万元人民币，若甲方损失大于违约金，乙方则按实际损失赔偿，构成犯罪的，依照刑法规范追究刑事责任。

第十三条　本协议未规定事项，依照相关法规办理。本协议若与相关法规抵触时，以国家相关法规为准。

第十四条　双方同意以中国法律法规为本协议的标准。关于本协议规定事项引起的纠纷，双方同意甲方所在地的人民法院为一审法院。

第十五条　本协议不因法人或行政机关的变更而变更。

第十六条　本协议一式三份，甲方的人事部门和知识产权管理部及乙方各执一份，自甲、乙双方签章之日起生效。

第十七条　本协议的签署基于保护公司的知识产权的需要，乙方在签署前已仔细阅知此协议的内容，并完全了解此协议的规定。

5. 专利奖励制度

专利奖励制度是刺激企业内部技术创新并且鼓励相关技术研发人员积

极参与专利工作、自觉落实专利制度的重要手段。在制订奖励制度时，企业要注意不能仅仅只对成功申请专利相关人员进行奖励，要对积极参与专利工作的所有人员都要进行奖励，具体包括：（1）技术交底阶段的专利奖励即研发人员在将其技术创新成果进行技术交底时，企业即对其予以奖励，以鼓励研发人员积极进行技术交底，促进技术创新成果的挖掘。（2）专利申请阶段的奖励即企业在将专利提交给国家知识产权局并被受理后，对该技术的发明人进行奖励。（3）专利授权阶段的奖励即企业在其专利申请获得国家知识产权局的授权后，对该专利的发明人进行奖励。（4）专利产业化以后的奖励即企业在将相关专利技术产业化并获得市场效益后，对该专利的发明人进行奖励。另外还要适当对专利管理人员进行奖励，在制订奖励制度时，要注意不能低于法律规定的标准。以下是某科技有限公司的专利奖励制度。

案例链接 1-6

某科技有限公司专利奖励制度

第一条 为促进企业技术创新工作开展，奖励职务发明人和优秀专利工作者为企业获取自主知识产权及工艺改进等科技研发所作出的贡献，特制定本奖励制度。

第二条 为鼓励广大员工积极申请专利，凡申请专利并被国家知识产权局受理的，在受理当年，由单位给予职务发明人1000元的奖励。

（一）专利申请被授予专利权的，授权当年12月1日前由专利权人给予发明专利职务发明人不低于10000元奖励；给予实用新型专利职务发明人不低于3000元奖励，外观专利职务发明人不低于1000元奖励。

（二）在12月1日之后到次年1月1日前收到授权登记通知书的，该专利申请视为在下年获得授权，根据前款规定给予奖励。

第三条 企业每年设立"发明创造奖"。发明创造奖的奖励对象为已获得授权的并且具有较高创造性和较大实用价值的专利。由中心主任组织，会同有关部门评出一、二、三等奖。评审结果公示期限内没有异议的，即予以认定。

（一）发明创造奖设一等奖一名，获奖专利的职务发明人可获得不低于5000元奖励；设二等奖两名，每件获奖专利职务发明人可获得不低于2000元奖励；设三等奖两名，每件获奖专利职务发明人可获得不低于1000元奖励。

（二）发明创造奖每年评定一次，同一专利不得重复参与评定。

第四条　企业专利权转让或许可他人实施的，从转让费或许可实施该项专利收取的使用费纳税后提取不低于 10% 作为报酬支付发明人或设计人。如一件专利有多位职务发明人，按照专利发明人实际贡献大小分配奖金和报酬。

第五条　有下列情况之一的，可作为"优秀专利工作者"获得奖励：

（一）为专利知识培训、普及以及专利申请和管理工作作出突出贡献的人员；

（二）为维护企业权益，挽回企业因侵权或专利流失而遭受的损失，作出重大贡献的人员；

（三）在引进专利技术或在专利技术的实际应用中解决关键问题，作出突出贡献，取得较大成效的人员；

（四）为技术开发提供积极有利条件，并为开发成果申请专利以及获得专利权，以及作出重大贡献的技术管理人员。

（五）对现有生产工艺有较大改进，并取得较好的经济效益的人员。

（六）符合本条上述任何一项规定的人员，在每年 11 月 1 日前将有关事迹介绍及推荐材料交中心办公室，参与优秀专利工作者的评选。中心主任组织评审人员进行评审，评审结果公布 10 日内没有异议的，即予以认定。

（七）"优秀专利工作者"获奖限额不少于 3 人，每位获奖者可获得不低于 1000 元奖励。

……

第七条　只有职务发明人才可参与奖金和报酬的分配以及获得荣誉。

（一）提出发明创造构思的人员、为发明构思的具体实现提出创造性建议的人员、研发过程中解决技术难题的人员和对技术的完善和改进有技术贡献的人员，应当作为发明人在申请文件中列出。

（二）仅从事协调和管理工作的领导，或提供后勤服务的人员，或从事一般实验和检测工作的人员，以及从事一般技术工作如简单计算、制图工作的技术人员，如对发明创造的思想未有贡献，或对研发过程出现的难题的解决没有技术上的实质贡献的，不得作为职务发明人，分享奖励和报酬。确有突出贡献的，可根据本细则第四条获得奖励。

（三）申请专利时，符合本条规定应列为发明人而未被列入的，向中心办公室说明情况，经中心办公室核查属实，向国家知识产权局申请履行发明人变更程序后，方可享受有关奖励和报酬以及获得荣誉。有关手续费用由过失责任人承担。

第八条　发明创造奖和优秀专利工作者的奖金由企业统一支付。

第九条　失效专利从失效之日起，不再享受按照本细则给予的所有待遇；专利权归属存在纠纷的，在纠纷解决前不享受按照本细则给予的所有待遇。

第十条　本制度自××××年××月××日起执行。

6. 专利培训制度

专利培训是企业专利管理工作的一项基础工作。专利管理工作专业性较强、需要全员参与，因此需要建立一套健全的知识产权培训制度以保证全体员工接受必需的专利培训。例如，企业除了对所有员工进行通识性、日常性的知识产权培训教育，还应该对新入职员工根据其岗位工作需要进行相关的专利培训，对与知识产权工作联系较为密切的岗位员工还要进行进一步的更专业的知识产权培训等。以下节选某公司的知识产权培训制度。

案例链接 1 – 7

某公司知识产权教育培训的主要内容

知识产权教育培训包括以下内容：

（1）规定知识产权工作人员的教育培训要求，制订计划并执行。

（2）组织对全体员工按业务领域和岗位要求进行知识产权培训，并形成记录。

（3）组织对中高层管理人员进行知识产权培训，并形成记录。

（4）组织对研究开发等与知识产权关系密切的岗位人员进行知识产权培训，并形成记录。

案例链接 1 – 8

某科技有限公司知识产权教育培训制度（节选）

1. 知识产权教育培训内容

（1）公司级知识产权教育（一级）。由人力资源部负责组织，知识产权部负责配合，教育内容包括国家有关知识产权法律、法规、制度和标准，知识产权基本知识，公司知识产权规章制度、流程等。

（2）部门级知识产权教育（二级）。由部门负责人及知识产权专员负责，教育内容包括本部门知识产权制度、流程、知识产权程序操作规程等。

2. 日常教育

（1）人力资源部负责制订公司年度知识产权教育培训计划，明确培训内容，并监督检查计划的落实。在每月例会上部署本月知识产权教育计划，各单位组织落实。

（2）知识产权部、人力资源部要充分利用展览、宣传画、知识产权专栏等多种形式，以及采用电化教育手段，对职工进行知识产权教育。

（3）各基层单位制订本单位年度知识产权教育培训计划，落实责任并组织实施。

四、"贯标"工作简介

"贯标"工作是目前各级知识产权管理部门都在大力推动的一项企业专利工作。下面作一个简单介绍，使大家有个概念上的理解。

资料卡片 1-3

"贯标"对于企业来说，就是贯彻《企业知识产权管理规范》国家标准。企业知识产权管理规范的国家标准由国家知识产权局、中国标准化研究院起草，经由国家质量监督检验检疫总局、国家标准化管理委员会批准颁布，于2013年3月1日起实施，标准号是 GB/T 29490—2013。

"贯标"工作可以使企业的知识产权管理工作更加规范，知识产权意识、创新意识和创新能力得到大幅度提高，对于企业知识产权的长期发展会产生十分深远的影响。

（一）"贯标"工作的主要内容

1. 规范企业知识产权管理的基础条件

企业应当有明确的知识产权管理方针和管理目标，并要求知识产权管理"领导落实、机构落实、制度落实、人员落实、经费落实"。企业应当建立知识产权管理制度、职责等。

2. 规范知识产权的资源管理

围绕企业的人力资源管理、财务资源管理、信息资源管理，对上述管理活动涉及的知识产权事项作出相应的规范。

3. 规范企业生产经营各个环节的知识产权管理

明确规定了企业研究与开发活动、原辅材料采购、生产、销售、对外贸易等重要环节的知识产权管理规范要求。以确保企业生产经营各主要环节的知识产权管理活动处于受控状态，避免自主知识产权权利流失或侵犯他人知识产权。

4. 规范企业知识产权的运行控制

围绕企业的知识产权创造、管理、运用和保护四个重点环节，明确规定了企业在知识产权的创造和取得、权利管理、权利运用和权利保护四方面的规范性要求。

5. 规范企业生产经营活动中的文件管理和合同管理

企业在生产经营活动中涉及的有关知识产权的各类活动，应当有相应的记录并形成档案，特别是对企业对内、对外的合同管理作出明确要求。

6. 明确规定企业应建立知识产权动态管理机制

企业应当对自身知识产权管理工作进行定期检查、分析，并对照管理目标对管理工作中存在的问题，制订相应的改进措施，以确保管理目标的实现。

（二）"贯标"工作的主要作用

（1）《企业知识产权管理规范》是我国首部企业知识产权管理国家标准，实施"贯标"将作为企业知识产权工作的基础条件，是企业申报科技和专利工作项目的重要参考条件。

（2）"贯标"有助于提升企业领导和广大职工知识产权意识，调动职工发明创造的积极性。

（3）推动企业产生具备高附加值的自主知识产权的新产品、新技术。通过自己生产销售或通过技术贸易许可转让他人，将给企业带来丰厚经济收益。

（4）提升企业无形资产价值，在企业融资上市、投资并购及企业出售等资产运作上获取更大的收益。

（5）巩固企业市场地位，通过"贯标"使企业拥有的自主知识产权的产品在销售市场的地位明显增强。

（6）"贯标"通过审核认证后，可向科技或者专利工作主管部门申请战略推进项目、专利实施计划等项目。

本节要点

1. 企业专利管理的组织主要有集中管理、分级管理和专任管理三种模式。

2. 中小企业应根据其业务规模的大小和专利工作的需要来设置专利管理架构。

3. 企业专利管理制度是指导和规范专利工作的流程、方法、标准和制度的总和。专利工作管理制度的基本内容主要包括专利工作机构及其职责、专利制度的运用、专利产权的管理、专利奖惩。

4. 研发记录管理制度是对在企业研发过程中研发人员记录研发过程中涉及的各项与研发相关的文字、材料、图表、过程等信息进行规范。

5. 员工保密制度对企业专利工作非常重要，直接影响到企业的专利价值、企业的发明创造能否得到有效的保护。因此大多科技企业在员工入职时，都与员工签订保密协议。

6. 专利奖励制度是刺激企业内部技术创新并且鼓励相关技术研发人员积极参与专利工作、自觉落实专利制度的重要手段。在制定奖励制度时，企业要注意不能仅仅只对成功申请专利的相关人员进行奖励，还要对积极参与专利工作的所有人员都要进行奖励。

7. 专利培训制度是企业专利管理工作的一项基础工作。专利管理工作专业性较强、需要全员参与，因此需要建立一套健全的知识产权培训制度以保证全体员工接受必需的专利培训。

8. "贯标"对于企业来说，就是贯彻《企业知识产权管理规范》国家标准。"贯标"工作可以使得企业的知识产权管理工作更加规范，知识产权意识、创新意识和创新能力得到大幅度提高，对于企业知识产权的长期发展会产生十分深远的影响。

思 考 题

1. 我国法律保护的不同种类的知识产权适用的领域分别是什么？
2. 我国专利权的种类及特点分别是什么？
3. 企业专利管理的内容包括哪些？
4. 企业为什么建立专利管理制度？
5. 中小企业如何选择专利管理的组织形式？

第二章　专利文献与信息利用

学习目标

了解什么是专利文献，中国有哪些专利文献，什么是专利信息，弄清为什么要利用专利文献信息，了解专利分类的作用，熟悉国际专利分类法（IPC）；了解有哪些公共免费专利信息资源，熟悉专利检索及分析系统（PSS）；掌握专利号、专利相关人、主题词和专利分类等检索线索的基本检索方法以及将它们进行组合的检索方法。

专利文献信息是一种重要信息资源。专利申请提交后，专利局或专利组织便依据法律规定，将相关专利信息予以公布。世界上多数国家和组织已在其知识产权管理机构的网站上将其公布的专利免费提供查询，为人们利用专利文献信息提供方便途径。企业作为专利信息用户，至少应该掌握专利信息利用的最基本方法。本章将为企业初级专利信息利用人员提供专利文献信息利用方面的基础知识及方法。

第一节　专利文献信息基础知识

一、专利文献

专利文献是企业技术研发、市场竞争、生存发展所依赖的重要信息资源。据统计，全世界累积可查阅的专利文献已超过 1 亿件，我国国家知识产权局公布的中国专利文献截至 2016 年 8 月已超过 1700 万件。

（一）专利文献的产生

企业为保护自己的技术成果、占据有利竞争位置、获取最大化市场利益，会对其创新成果及时提出专利申请。而专利申请文件就是专利文献的最初来源。

各国专利法都对申请人申请专利时须提交相关申请文件作出了明确规

定。例如，我国《专利法》第二十六条规定：申请发明或者实用新型专利的，应当提交请求书，说明书及其摘要和权利要求书等文件。我国《专利法》第三章第二十七条规定：申请外观设计专利的，应当提交请求书，该外观设计的图片或者照片以及对该外观设计的简要说明等文件。

然而，专利文献则形成于专利审批和注册过程中。无论是否公开出版，无论是否经过审查，也无论是否授权，各国依据本国、地区专利法规定，都会公布源于专利申请及其审查注册过程的专利文献或信息。

（二）专利文献释义

专利文献主要是指实行专利制度的国家、地区及国际专利组织在审批专利过程中产生的官方文件及其出版物的总称。❶

资料卡片 2 - 1

世界知识产权组织（WIPO）1988 年编写的《知识产权法教程》将专利文献定义为："专利文献是包含已经申请并被确认为发现、发明、实用新型和工业品外观设计的研究、设计开发和试验成果的有关资料，以及保护发明人、专利所有人及工业品外观设计和实用新型注册证书持有人权利的有关资料的已出版未出版的文件（或其摘要）的总称。"WIPO 标准 ST. 10 中说明：术语"专利文献"包括发明专利、植物专利、外观设计专利、发明人证书、实用证书、增补专利、增补发明人证书、增补实用证书及其所公布的申请。也就是说，按一般理解作为公开出版物的专利文献主要有：各种类型的发明、实用新型、外观设计及植物专利说明书，各种类型的发明、实用新型、外观设计及植物专利公报、文摘、索引以及分类资料。❷

目前，我国作为公开出版物的专利文献包括：以单行本方式公开出版的描述发明创造内容和限定专利保护范围的专利文件，如：发明专利申请单行本、发明专利单行本、实用新型专利单行本，以及刊有图形及简要说明的外观设计专利单行本；以公报方式出版的公告性定期连续出版物，如：专利公报。

二、中国专利文献

（一）专利单行本

1. 专利单行本种类

发明专利申请：中国专利法规定，发明专利申请提出后，经形式审查

---

❶❷　李建蓉. 专利信息与利用［M］. 2 版. 北京：知识产权出版社，2011.

合格，自申请日或优先权日起满18个月即行公布，出版发明专利申请的单行本，文献种类标识代码为"A"。

发明专利：我国《专利法》规定，发明专利申请经专利性审查合格即授予专利权，出版发明专利的单行本。这是一种经实质审查、授予专利权的单行本，文献种类标识代码为"B"（该代码标注在专利文献号码的后面）。

实用新型专利：我国《专利法》规定，实用新型专利申请经初步审查合格即授予专利权，出版实用新型专利的单行本，文献种类标识代码为"U"。

外观设计专利：我国《专利法》规定，外观设计专利申请经初步审查合格即授予专利权，出版外观设计专利的单行本，文献种类标识代码为"S"。

2. 专利单行本内容

发明专利申请、发明专利和实用新型专利的单行本均由扉页、权利要求书、说明书构成。

扉页是以代表专利文献基本特征的著录项目构成的文件部分，提供专利技术或法律方面的信息；权利要求书是限定发明创造技术方案保护范围的文件部分；说明书则是描述发明创造目的、技术背景、技术解决具体方案及技术效果的文件部分。

资料卡片 2-2

以下3张图均出自申请号为201410324858.3的中国发明专利申请单行本，分别为该单行本的扉页（左）、权利要求书（中）、说明书首页（右）。

外观设计专利的单行本由扉页和外观设计图片或照片以及简要说明构成。外观设计图片或照片按照申请人提交的原稿色彩出版。

资料卡片 2 - 3

以下 2 张图均出自申请号为 201330611262.8 的中国外观设计专利单行本，分别为该单行本的扉页（左）、外观设计图片或照片（中）、简要说明（右）。

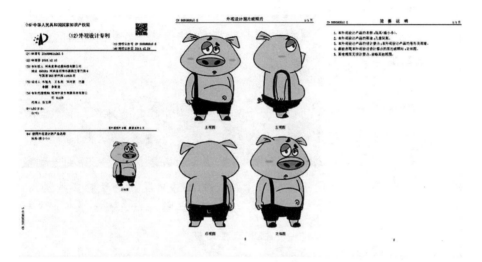

（二）专利公报

专利公报是公布专利申请、公告专利授权、专利著录事项变更等专利事务的定期连续出版物。

《中国专利公报》分为《发明专利公报》《实用新型专利公报》和《外观设计专利公报》3 种，每周出版一期，提供最新发明创造信息和专利法律状态变化信息。

三、专利信息

专利信息主要源于专利文献，泛指人类从事一切专利活动所产生的相关信息的总和，是一种集技术信息、法律信息和经济信息等于一体的复合型的信息源。

1. 技术信息

技术信息是指与发明创造技术内容相关的信息，一般包含在专利单行本扉页和专利公报的相关专利文献著录项目中，例如，名称、摘要及摘要附图、专利分类号、对比文件或参考文献等；也包含在专利单行本的说明书及附图中，以及包含在专利申请的检索报告中。

2. 法律信息

法律信息，也称专利权利信息，是指专利或专利申请的权利保护范围、权属关系、专利权生效日期和保护期限、优先权及其保护的地域范围、专利权是否有效、许可情况等信息，包含在专利单行本的权利要求书中；包含在专利单行本扉页和专利公报的相关专利文献著录项目中，例如，申请日期、公布/授权日期、申请人/权利人/发明人、优先权等；也包括专利公报及专利登记簿中涉及审查过程及法律状态变化情况的信息。

资料卡片 2 - 4

数据库中的专利信息

无论专利文献还是专利信息，也无论是源自中国还是外国，目前主要以专利数据的形式通过互联网提供给人们使用。

在建立专利信息系统时，人们会根据企业的需要来建立不同的专利数据库，例如，专利文摘数据库适用于从技术信息角度利用专利文献信息，专利法律状态数据库适用于从确定专利有效性角度利用专利文献信息，同族专利数据库，适用于从确定专利地域性角度利用专利文献信息，等等。

四、专利文献信息的作用与利用

据有关研究表明，世界上发明创造成果的90% ~ 95%可以在专利文献中查到，而有80%左右的专利未在其他刊物上发表，因此专利文献信息在以技术为主的信息资源中占有极其重要位置。

（一）专利文献信息的作用

1. 传播专利信息

提供技术参考：在创新活动中利用专利文献可以帮助研究人员解决遇到的技术难题，找出最佳解决方案。

启迪创新思路：在创新活动中通过查阅专利文献还可以开阔思路、激发灵感，在他人智慧成果的基础上作出新的发明创造。

避免重复研究：充分利用专利文献，可以避免重复走前人的路，缩短60%的科研周期，节约40%的科研经费。

警示竞争对手：专利文献不仅向人们提供了发明创造技术内容，同时也向竞争对手展示了专利保护范围。通过公开公布的专利文献，人们可以轻而易举地找到该专利单行本，了解其专利保护的内容，以此传达警示信息。

防止侵权纠纷：在经营活动中，专利文献信息恰似一面镜子，只要随时照一照（检索专利的法律信息），就可以实现自我约束，避免侵权纠纷发生。

2. 提供竞争情报

了解竞争对手：通过对专利信息的分析，可以获得竞争对手在不同地域或国家的主要竞争策略、市场经营活动以及竞争企业间的技术合作、技术许可动向。

分析市场趋向：通过专利族信息可以用来研究一家企业的专利申请模式，企业寻求专利保护的国家，可以绘制出其开拓市场的地域分布图，从而发现企业寻求商业利益的市场趋向。

提供决策依据：通过专利信息分析，为国家制定产业政策提供参考，为企业的决策者把握特定技术的开发、投资方向以及制定企业的专利战略等方面提供依据。

（二）利用专利文献信息可以解决的问题

1. 技术创新或科研课题立项

在技术创新或科研课题立项时，为了解研发主题所属技术领域技术现状及发展趋势以及技术热点和技术空白点，企业利用专利信息作参考，可实现科学决策，避免重复研究造成浪费和盲目研究导致纠纷。

案例链接 2 - 1

某研究单位准备开发绿色农药——用中草药作为原料制备杀虫剂。该单位要了解已有技术现状，避开专利保护，提高研究起点。由于不知如何检索，最初仅找到 71 件中国专利。经专家指导，进行专利技术信息检索，最终找到 605 件中国专利、1649 组世界范围的专利族。该单位对专利进行技术信息分析，按专利涉及的内容将找到的专利分别归类，最终了解清楚了技术现状和已有专利保护的范围，避免了重复研究，找到了研究方向。

2. 解决技术难题

在遇到技术难题需要解决时，企业可利用专利文献，了解他人解决相同技术问题的思路以及已采用的技术手段和所产生的技术效果，借鉴前人的发明成果和经验。

案例链接 2 - 2

北方某企业准备用 D - 对甲砜基苯丝氨酸乙酯小试生产氟苯尼考，想找到可参考的相关技术的专利文献，用中文名称在中国专利网中未查找到。企业提供另外信息：可能是美国专利。通过网络搜索工具查询，得到英文名称 D－p－Methyl Sulfone Phenyl Ethyl Serinate（D－对甲砜基苯丝氨酸乙酯）和 Florfenicol（氟苯尼考）。利用英文主题词通过美国专利商标局网站进行专利技术信息检索，得到美国专利 US5663361。通过同族专利查找，找到中国 CN1097583C 专利文献，其名称为"用 D－苏对－甲基磺酰苯基丝氨酸乙基酯制备氟苯尼考"，最终找到中文版的技术参考文献。

3. 技术引进

在引进专利技术时，企业可利用专利信息，避免被误导，或引进失效专利，或物非所值。

案例链接 2－3

2003 年，南方某企业欲引进日本技术生产 GCLE（合成头孢菌素类抗生素的新型中间体原料），想知道是否有中国专利以及专利是否有效。通过中国专利网站进行专利技术信息检索，得到日本大塚化学株式会社获得的中国专利 CN1090635C（头孢菌素晶体及其制备方法）。通过欧洲专利局网站进行同族专利检索，检索到其欧洲专利申请 EP963989A1。再检索其专利法律状态，确定视为撤回，原因为 A4 补充检索报告中有影响其新颖性的对比文件，故申请人放弃。结论为：可以普通技术引进，无需支付专利费。此后该中国专利被一中国企业提无效宣告，最终被宣告全部无效。

4. 产品出口

企业产品走出国门之前，利用专利信息，可了解产品所涉及的技术是否会出现侵权纠纷，可为侵权诉讼做好预警应对提供参考。

案例链接 2－4

沿海某省的企业生产一种与德国 BOMAG 公司基本相同的垃圾压实机，准备出口。该企业想了解：其生产的垃圾压实机是否有专利，在阿尔及利亚是否有专利。通过 WPI 数据库查找 BOMAG 公司专利，检索到 57 件，没有一件是关于上述垃圾压实机的专利。通过 WPI 数据库进行技术信息查找，检索到 23 件与压实机主题有关的专利，19 件国外公司相关外国专利，4 件该企业中国实用新型专利。通过欧洲专利局网站进行同族专利检索，找到上述外国专利的 19 件同族专利，无一件中国授权专利，也无阿尔及利亚专利。

5. 应对专利侵权纠纷

当企业因其经营的产品侵犯了他人专利权成为被告时，可利用专利信息，搜寻提出和解或请求专利无效的依据。

案例链接 2 - 5

北方某企业被诉使用南方一企业的"口服液瓶"外观设计专利，该北方企业准备应诉，需确定专利是否有效，能否找到无效该专利的对比文件。通过中国专利网站进行专利法律状态检索，确定中国专利有效。通过美国专利商标局网站进行外观设计专利新颖性检索，找到美国外观设计专利 Des. 352451（Tube bottle with breakable spout）。判断：外观图形基本相同。该北方企业持该美国专利与南方企业交涉，后双方和解。

6. 申请专利

当企业设计出新产品或开发出新技术后，可利用专利信息，评价其创新性，以便在提请专利保护时，学习他人保护策略，恰当、合理地划定专利保护范围。

案例链接 2 - 6

南方某企业设计一款"暴走鞋"（跟部嵌有轮的鞋），准备申请中国专利。通过专利新颖性检索，找到 31 件跟部嵌有轮的鞋的中国专利，其中最早提出专利申请的是美国海丽思体育用品有限公司，其申请的中国专利与该企业的设计基本相同。该企业打算通过修改设计避开海丽思体育用品有限公司的专利。通过同族专利检索，找到海丽思体育用品有限公司的 18 项专利申请的 23 件同族专利，发现很难避开其专利保护范围。该企业不仅了解到自己的设计无法申请专利，同时还学到外国同行是如何保护自己的发明创造的方法。

五、国际专利分类

（一）专利分类的作用

专利分类主要用于专利文献的管理，便于将专利文献分门别类地归类，便于人们按照相关类别查找利用专利文献，按照专利分类进行专利技术构成及趋势等分析。

对于发明和实用新型专利，大多数国家或地区采用国际专利分类，而美国、日本、欧洲等国家和地区同时在其文献上标有其各自的专利分类号。

对于外观设计，大多数国家或地区采用工业品外观设计国际分类（也称洛迦诺分类），一些国家或地区则采用自己的外观设计分类体系，同时标注工业品外观设计国际分类，如日本、美国等。

（二）国际专利分类表

《国际专利分类表》，英文为：International Patent Classification，简称为 IPC。

1. IPC 的建立

1954 年 12 月 19 日欧洲理事会主要国家签订了《关于发明专利国际分类法欧洲公约》，1968 年 9 月 1 日《发明的国际（欧洲）分类表》公布生效。1971 年 3 月 24 日《巴黎公约》联盟成员国通过了《国际专利分类斯特拉斯堡协定》，1975 年 7 月 10 日正式生效。1997 年 6 月 19 日中国正式成为成员国。截至 2012 年年底，斯特拉斯堡协定已有 62 个成员国。

IPC 第 1~7 版每 5 年修订一次。2006 年 1 月 1 日，IPC 2006 版（即第 8 版）起用，此后每年修订并公布出版新的版本。

2. IPC 结构

IPC 将与发明创造有关的全部技术领域概括成 8 个部，129 个大类，739 个小类，约 70000 个组。

（1）部

用大写英文字母 A~H 表示 8 个部的类号，各部的类名分别为：

A 部——人类生活必需

B 部——作业；运输

C 部——化学；冶金

D 部——纺织；造纸

E 部——固定建筑物

F 部——机械工程；照明；加热；武器；爆破

G 部——物理

H 部——电学

部内有由信息性标题构成的分部，分部有类名，没有类号。

（2）大类

每个部都被细分成若干大类，每个大类的类名表明该大类包括的内容。例如：A44　服饰缝纫用品；珠宝。

（3）小类

每个大类都包括一个以上小类，每个小类类号是由大类类号加上一个大写字母组成。例如：A21B　食品烤炉；焙烤用机械或设备。小类的类名尽可能确切地表明该小类的内容。

（4）组

每一个小类被细分成若干组，包括大组和小组。大组类名在其小类范围以内确切限定了某一技术主题领域。小组类名在其大组范围之内确切限定了某一技术主题领域。该类名前加一个或几个圆点指明该小组的等级位置。

资料卡片 2 - 5

以下是《国际专利分类表》内容节选：

A47B 13/00　桌子或写字台的零件（抽屉入 A47B 88/00，一般家具的腿入 A47B 91/00）

A47B 13/02　·底架

A47B 13/04　··木制的

A47B 13/06　··金属制的

A47B 13/08　·桌面，其桌边（不限定于桌面的入 A47B 95/04）

A47B 13/10　··除圆形或四边形外的其他形状的桌面

A47B 13/12　··透明的桌面

A47B 13/14　··可拆卸的服务桌

A47B 13/16　··成为桌子部件的玻璃板、烟灰缸、灯、蜡烛等物的支座

3. IPC 的使用

《国际专利分类表》的主要目的是便于技术主题的检索，因此，在 IPC 分类表的设置中，把同样的发明技术主题归在同一分类位置上，并且能从这一位置再把它找到。发明技术主题可以指方法、产品、设备或材料。

专利文献中可以找到两种类型的信息，即"发明信息"和"附加信息"。对专利申请或专利文献进行分类时，首先需要区分"发明信息"和"附加信息"。

资料卡片 2 - 6

发明信息：是在专利文献全部公开文本中（例如，说明书、附图、权利要求书）代表对现有技术的贡献的技术信息。"对现有技术的贡献"是指专利文献中专门披露的所有新颖的和非显而易见的技术主题，这个技术主题不是代表现有技术的那部分，而是代表专利文献中的主题与已经公知的所有技术主题集合之间的差异。

附加信息：本身不代表对现有技术的贡献，但对检索者而言却有可能构成有用的信息。附加信息是对发明信息的补充，例如，组合物或混合物的成分，或者是方法、结构的要素或组成部分，或者是已经分类的技术主题的用途或应用方面的特征。❶

分类时，按照规则逐级分类，最终确定合适的分类号。首先确定相关

---

❶ 李建蓉. 专利信息与利用 [M]. 2 版. 北京：知识产权出版社，2011.

的部，然后确定分部和大类，在选定的大类下，可以确定最令人满意的包含该主题的小类，确定小类后，继续选择小类下包含发明技术主题的组。在所有的步骤中，都应注意分类规则、附注、参见等信息。

本节要点

1. 专利文献主要是指实行专利制度的国家、地区及国际专利组织在审批专利过程中产生的官方文件及其出版物的总称。

2. 作为公开出版物的专利文献包括专利单行本和专利公报。

3. 专利信息主要源于专利文献，泛指人类从事一切专利活动所产生的相关信息的总和，是一种集技术信息、法律信息和经济信息等于一体的复合型的信息源。

4. 专利文献的作用主要是传播专利信息和提供竞争情报。人们在技术创新或科研课题立项、解决技术难题、技术引进、产品出口、应对专利侵权纠纷、专利申请等情形下需要利用专利文献信息。

5. 《国际专利分类表》（IPC）将与发明创造有关的全部技术领域概括成 8 个部，129 个大类，739 个小类，约 70000 个组。《国际专利分类表》的主要目的是便于技术主题的检索。

第二节　专利文献信息常用检索途径

企业利用专利信息可选择最经济的方式——利用互联网公共免费专利信息资源，在选择免费专利信息资源时还需根据具体需要选择相应的数据库，如进行专利技术角度检索，选择专业性较强、具有复杂逻辑运算功能的专利文摘或全文数据库。

一、公共免费专利信息资源

（一）国家知识产权局网站

网址：http：//www. sipo. gov. cn/。

国家知识产权局在其官方网站上设置了专利检索、专利审查信息查询、专利公布公告查询 3 种免费专利信息查询服务。

专利检索提供专利检索及分析系统（PSS）链接（参见本章第二节之"二、专利检索及分析系统"的内容）以及其他国家局专利检索入口。

专利审查信息查询提供中国及多国专利审查信息查询、其他专利审查信息查询。中国及多国专利审查信息查询服务，可查询的国家及组织包括：中国国家知识产权局、欧洲专利局、日本特许厅、韩国知识产权局、美国专利商标局。系统设置了电子申请注册用户查询和公众查询。电子申请注册用户查询是专为电子申请注册用户提供服务；公众查询系统是为公众提供服务，内容包括专利申请的基本信息、审查信息、公布公告信息。

专利公布公告查询提供中国专利查询。用户可以按照发明公布、发明授权、实用新型和外观设计 4 种公布公告数据进行查询，包括中国专利公布公告信息，以及实质审查生效、专利权终止、专利权转移、著录事项变更等事务数据信息。

（二）世界知识产权组织网站

网址：http：//www. wipo. int/。

世界知识产权组织在其官方网站上的 Patentscope® 检索系统提供国际申请以及数十个国家或地区的专利文献免费检索，同时提供国际申请初步审查及进入国家或地区阶段信息。

（三）欧洲专利局网站

网址：http：//www. epo. org/。

欧洲专利局通过互联网提供了多个免费专利数据库：ESPACENET 检索系统、欧洲专利文献公布服务器、欧洲专利公报及欧洲专利登记簿。

ESPACENET 检索系统中主要有 3 个数据库，分别是 Worldwide 数据库、EP 数据库和 WIPO 数据库。Worldwide 数据库包含了 90 多个国家 9000 多万件专利文献。系统设置 Smart Search 和 Advance Search 等检索界面，可进行技术角度检索和同族专利检索及引文检索。

欧洲专利登记簿可供人们查询欧洲专利法律状态和审查过程文件。

（四）美国专利商标局网站

网址：http：//www. uspto. gov/。

美国专利商标局在其网站上提供多种免费美国专利信息资源，包括授权专利数据库、专利申请公布数据库、专利公报数据库、基因序列表数据库、专利分类检索数据库、专利权转移数据库、专利律师和代理人检索数据库等。

（五）日本特许厅网站

网址：https：//www. j‐platpat. inpit. go. jp/web/all/top/BTmTopEnglishPage。

日本特许厅在工业产权情报研修馆（National Center for Industrial Property Information and Training，IPDL）的 J – PlatPat 平台上设置英文版和日文版两种免费系统。

英文版主要有：发明与实用新型公报数据库、发明与实用新型号码对照数据库、日本专利英文文摘数据库、FI/F – term 检索数据库、外观设计公报数据库，可通过各种号码、日本专利分类号等获取日本发明或实用新型专利文献。

日文版主要有：公报文本检索数据库、外国公报数据库、外观设计公报检索数据库、法律状态信息检索（经过情报检索）、复审检索（审判检索）、审查文件信息检索（审查书类情报查询）等数据库。

二、专利检索及分析系统

专利检索及分析系统是国家知识产权局开发的适合中国公众使用且专业化水平较高、具有复杂逻辑运算功能的中外专利免费查询系统。

网址：http：//www. pss – system. gov. cn/。

资料卡片 2 – 7

下图为专利检索及分析系统的主页。

（一）系统简介

2011 年 4 月 26 日专利检索与分析系统上线，收录了 103 个国家、地区和组织的专利数据，可供公众进行专利检索与专利分析。系统设置了常规检索、高级检索、导航检索、命令行检索、药物检索、热门工具、专利分析等功能。对于检索结果，系统设置了检索结果统计功能，可针对申请人、发明人、技术领域、中国法律状态、申请日、公开日等进行统计，还设置了详览、法律状态、申请人、+分析库、收藏、翻译等功能，以及同族、引证、被引等查询功能。中外专利数据每周三更新，同族、法律状态数据每周二更新，引文数据每月更新。

使用该系统前可先进行注册，以便于获得更多使用权限。

检索时，公众可选择高级检索或者导航检索。

（二）高级检索

打开高级检索界面，先选择检索的国家和专利种类，再选择检索字段，如发明名称、关键词、IPC 分类号等，输入检索字符串，然后进行检索。

资料卡片 2–8

下图为专利检索及分析系统的高级检索界面。

检索后，检索式将会自动按照运算顺序保留在检索历史中。检索历史中记录的检索式之间可进行再检索。

（三）导航检索

打开导航检索界面，按照 IPC 分类，根据导航设置，选择所需分类号，然后点击分类号后的"检索"图标，进行检索。

资料卡片 2-9

下图为专利检索及分析系统的导航检索界面。

三、其他专利信息检索平台简介

此处列出了部分提供中国专利检索的检索平台（排列不分先后），企业可以根据实际需要进行选择。

①中国知识产权网（http：//www. cnipr. com）。

②广东省知识产权公共信息综合服务平台（http：//www. guangdongip. gov. cn/）。

③中国专利信息中心的中国专利数据库检索系统（http：//search. cnpat. com. cn/Search/CN/）。

④中国专利信息网（http：//www. patent. com. cn）。

⑤中国发明专利技术信息网（http：//www. 1st. com. cn）。

⑥国家重点产业专利信息服务平台（http：//www. chinaip. com. cn）。

⑦Soopat 专利搜索（http：//www. soopat. com/）。

⑧万方数据知识服务平台专利检索（http：//c. wanfangdata. com. cn/patent. aspx）。

⑨CNKI 中国专利数据库（http：//www. cnki. net/）。

⑩国家科技文献资源网络服务系统（NSTL）（http：//www. nstl. gov. cn/）。

本节要点

1. 公共免费专利信息资源主要有国家知识产权局网站、世界知识产权组织网站、欧洲专利局网站、美国专利商标局网站、日本特许厅网站。

2. 专利检索及分析系统是国家知识产权局开发的适合中国公众使用且专业化水平较高、具有复杂逻辑运算功能的中外专利免费查询系统。

3. 专利检索及分析系统设置的高级检索功能允许先分别按照检索字段检索，然后在检索历史中将检索式再进行逻辑检索。

4. 专利检索及分析系统设置的导航检索功能允许按照 IPC 分类，根据导航设置，选择所需分类号进行检索。

第三节　专利文献信息检索实务

专利信息检索是企业专利信息利用的最重要的手段之一，可理解为根据某一（些）专利信息线索从各种专利数据库中找出符合特定要求的专利文献或信息的过程。

常用专利信息检索线索主要是专利号码、专利相关人、主题词和专利分类号。因此，对于来自企业的初级用户来说，首先应掌握专利号码、专利相关人、主题词和专利分类号等不同检索线索的检索方法。

一、专利号码检索方法

专利号码是一个具有泛指性的概念，它可以是指专利申请的申请号或优先权号，也可以是指专利文献的申请公布号或授权公告号。多数专利数据库通常将其区分为优先权号、申请号和文献（公开/公告）号 3个检索字段，分别在专利检索软件中设立相关检索入口，以方便人们检索。

然而，在人们利用专利信息的过程中，以专利号码作为检索线索所从事的查询却有许多种目的：根据专利号码检索特定专利文献以供技术参考，根据专利号码检索专利法律状态信息以供判断专利有效性，根据专利号码检索同族专利以供确定专利地域性。同样以专利号码为检索线索，如果目的不同，其检索系统选择也不一样，方法也各异。

以下是专利号码检索的 3 种情况。

（一）根据专利号码检索特定专利文献

以专利号码为检索线索，查找特定专利文献，其目的是得到该专利的全文资料，以供技术参考、了解专利权利保护范围或作为法律证据资料。进行此种检索需要选择能够方便将该专利文献下载或打印的专利检索系统。其选择原则是：首先选择欧洲专利局网站上的 ESPACENENT 系统，该系统收集了全世界的专利信息，包括专利全文原文，且方便下载打印；如果 ESPACENET 检索系统没有收集所需专利文献的全文，则选择国家专利检索系统，尝试能否找到并下载或打印该专利文献。

1. 检索提问字符串输入格式

检索时需区分专利号码种类，多数检索系统对输入专利申请号或专利文献号字符串的格式有不同要求。

通常，选择欧洲专利局网站上的 ESPACENENT 检索系统，选择 Advanced search，再选择检索入口，专利申请号选择 Application number，优先申请号选择 Priority number，专利文献号选择 Publication number，输入相应检索提问字符串，进行检索。

1）专利申请号

欧洲专利局网站上的 ESPACENENT 检索系统对专利申请号字符串输入格式的要求是：代表国家代码的 2 位字母，代表专利申请提交年代的 4 位数字，6~7 位数字的申请种类和申请序号（不足位时，在号码前补"0"）。

案例链接 2 -7

案例 1：

申请号原数据：日本，特願平 8 -228148，1997.8.25。

字符串输入格式：JP1997228148（注：本国纪年改为四位数字的公元纪年；申请序号为 6 位数字）。

案例 2：

申请号原数据：美国，10/040365，2002.1.9。

字符串输入格式：US20020040365（注：去除序列代码"10"，替换为 4 位数字的年代；申请序号为 7 位数字）。

案例 3：

申请号原数据：中国，98801211.1，1998.8.19。

字符串输入格式：CN1998801211（注：专利申请提交年代由 2 位数字改为 4 位数字；申请种类为 1 位数字，8 表示进入中国国家阶段的 PCT 发明专利申请；申请序号为 5～6 位数字，原申请序号小于 100000 的则为 5 位数字，大于等于 100000 的则为 6 位数字）。

2）专利文献号

欧洲专利局网站上的 ESPACENENT 检索系统对专利文献号字符串的输入格式则因国家不同而要求不同，连续序列编号的格式是：代表国家代码的 2 位字母，与原始公布号码位数一致的文献号，代表专利文献种类代码的 1 位字母或 1 位字母加 1 位数字；年度序列表的格式是：代表国家代码的 2 位字母，与原专利文献公布年代数字相同的年代表示，与原始年度公布号码位数一致的文献号，代表专利文献种类代码的 1 位字母或 1 位字母加 1 位数字。

案例链接 2－8

案例 1：

文献号原数据：欧洲专利申请公布，EP963989A1。

字符串输入格式：EP0963989A1（注：原文献号不足 7 位时，在号码前补 0）。

案例 2：

文献号原数据：中国专利申请公布，CN1237181A。

字符串输入格式：CN1237181A（注：2007 年 7 月前后申请公布号位数分别为 7 位和 9 位，输入格式只需按原号码格式，无须补 0）。

案例 3：

文献号原数据：PCT 专利申请公布，WO9910352A1。

字符串输入格式：WO9910352A1（注：2004 年前后申请公布号中的年份位数分别为 2 位和 4 位，输入格式只需按原号码年代格式，无须补位）。

案例 4：

文献号原数据：日本专利申请公布（A），特开昭 61－198582。

字符串输入格式：JPS61198582A（注：昭 61 为日本本国纪年，改为 S61）。

2. 专利文献下载和打印

1）专利文献下载

通过欧洲专利局网站上的 ESPACENENT 检索系统检索到特定专利文献后，先进入该专利文献的 PDF 显示界面；点击 ⬇ Download 图标，输入校验码，提交；系统自动按专利文献号生成文件名，点击保存命令；选择下载地址后，该专利文献即可被下载。

第一步：进入该专利文献的 PDF 显示界面。

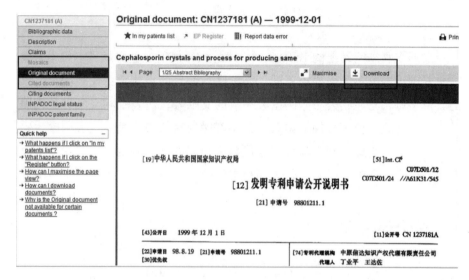

第二步：输入校验码。

第三步：下载 PDF 文件。

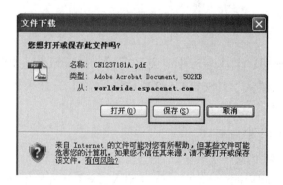

2）专利文献打印

打印时，打开 PDF 格式文件，选择打印即可。

（二）根据专利号码检索专利法律状态信息

具体方法是：根据检索对象的国家，选择好检索系统，在相应检索入口正确输入专利的号码字符串，进行检索，即可找到准确的法律状态信息。

案例链接 2 - 9

案例 1：

检索目的：中国专利 01118900.2 的法律状态信息。

检索系统：国家知识产权局网站主页——专利检索——专利检索及分析系统——热门工具——法律状态查询。

字符串输入格式：CN01118900。

检索结果：如下图。

检索结果解读：2012.04.04，专利权的无效宣告。

案例 2：

检索目的：欧洲专利 EP0963989 的法律状态。

检索系统：欧洲专利局网站主页——European patent register ——Open the European Patent Register ——Quick search。

字符串输入格式：EP0963989。

检索结果：如下图。

About this file：EP0963989

EP0963989 - CEPHALOSPORIN CRYSTALS AND PROCESS FOR PRODUCING THE SAME [Right-click to bookmark this link]

| Status | The application is deemed to be withdrawn |
| | Database last updated on 23.06.2012 |

Event history：EP0963989

| 10.01.2003 | Application deemed to be withdrawn | |
| 02.05.2003 | Application deemed to be withdrawn | published on 18.06.2003 [2003/25] |

检索结果解读：

Application deemed to be withdrawn，published on 18.06.2003 ［2003/25］（申请被视为撤回，2003 年 6 月 18 日在第 2003/25 期公报公告）。

案例 3：

检索目的：美国专利 US6420602B1 的法律状态。

检索系统：美国专利商标局网站主页——Patents：Check Application Status ［PAIR］ ——Public PAIR ——Choose type of number。

字符串输入格式：6420602。

检索结果：如下图。

09/890,398	METHOD FOR THE PRODUCTION OF TETRAMETHYLTHIURAM DISULFIDE		
Application Data	Transaction History	Patent Term Adjustments	Foreign Priority · Published Documents · Fees · Address & Attorney/Agent

Bibliographic Data			
Application Number:	09/890,398	Customer Number:	-
Filing or 371 (c) Date:	10-26-2001	Status:	Patent Expired Due to NonPayment of Maintenance Fees Under 37 CFR 1.362
Application Type:	Utility	Status Date:	08-16-2006
Examiner Name:	O SULLIVAN, PETER G	Location:	PUBS - CERTIFICATES OF CORRECTION BRANCH, PK3-922
Group Art Unit:	1621	Location Date:	08-04-2006
Confirmation Number:	1580	Earliest Publication No:	-
Attorney Docket Number:	2001-1044A	Earliest Publication Date:	-
Class / Subclass:	564/076	Patent Number:	6,420,602
First Named Inventor:	Guido Matthijs , Gent, (BE)	Issue Date of Patent:	07-16-2002

检索结果解读：Patent Expired Due to NonPayment of Maintenance Fees Under 37 CFR 1.362，08－16－2006（2006 年 8 月 16 日，专利因未按 37 CFR 1.362 缴纳维持费而终止）。

（三）根据专利号码检索同族专利

选择 ESPACENET 检索系统 Worldwide 数据库，通过 Advanced search 找到特定专利申请或专利，进入著录项目显示页，点击"INPADOC patent family"，查看结果。

案例链接 2 - 10

文献号：CN1552290A。

检索结果解读：没有其他专利族成员。

二、专利相关人检索方法

专利相关人包括专利申请人、专利权人、发明人等。专利申请人和专利权人既可以是法人也可以是自然人。多数专利数据库通常将其区分为申请人（含专利权人）和发明人两个检索字段，分别在专利检索软件中设立相关检索入口，以方便人们检索。法人仅能在申请人检索字段检索；自然人既可以在申请人检索字段检索，也可以在发明人检索字段检索。

人们从专利申请人、专利权人或发明人等角度检索专利信息，其目的是找出被检索相关人拥有的专利或专利申请，以便于了解竞争对手，寻求合作伙伴，挖掘专业人才。

（一）检索特定法人的专利

1. 法人名称全称检索

检索特定法人的专利，无论法人名称是中文还是英文，可以用法人名称全称检索，其优点是检索较准确，其缺点是可能漏检。

案例链接 2 –11

案例1：

申请人：HEELING SPORTS LTD。

字符串输入格式："HEELING SPORTS LTD"（注：多数英文检索系统要求用引号将法人名称全称引起来，以示按词组检索）。

漏检的法人：HEELING SPORTS。

案例2：

申请人：佳能株式会社。

字符串输入格式：佳能株式会社。

漏检的法人：佳能公司。

2. 法人名称关键词检索

检索特定法人的专利，无论法人名称是中文的还是英文的，均可以名称中的核心关键词作为检索线索；如果误检率较高，则可根据检索结果中涉及法人的名称重合度来选择限定成分，使检索结果更接近检准要求。

案例链接 2 –12

案例1：

申请人：HEELING SPORTS LTD。

核心关键词：HEELING。

字符串输入格式：HEELING。

会误检到：HEELING HEINRICH（误检率不高，手工筛除）。

案例2：

申请人：四川长虹电器股份有限公司。

核心关键词：长虹。

字符串输入格式：长虹。

误检到的法人：上海市长虹灯具厂、兰州长虹电焊条厂、航天部长虹光电技术开发公司等（注：误检率较高，进一步限定）。

添加限定成分的检索提问式输入格式：长虹 and 四川（注：用地域名称作限定成分）。

（二）检索特定自然人的专利

检索时需考虑清楚：是从申请人（含专利权人）角度检索，还是从发明人角度检索，还是两种角度都要检索。

1. 自然人中文检索

案例链接 **2 - 13**

案例1：

发明人：张三。

字符串输入格式：张三。

案例2：

发明人：ANDREW SIMON。

中文译名：安德鲁·西蒙。

检索提问式输入格式：安德鲁 and 西蒙（因中文检索系统无法对""分割符进行检索，只能进行逻辑与检索，检索结果可能存在误检）。

2. 自然人英文检索

案例链接 **2 - 14**

案例1：

发明人：ANDREW SIMON。

字符串输入格式："SIMON ANDREW"（注：英文检索系统可以用引号将自然人名称全称引起来，以示按词组检索）。

案例2：

发明人：林智一。

拼音：Lin Zhiyi。

字符串输入格式："zhiyi lin"（注：通常中国自然人姓名顺序在英文数据库中被颠倒）。

三、主题词检索方法

主题词包括关键词、同义词和缩略语。多数专利检索数据库至少会包含发明名称和摘要两个字段，并设置与该两个字段相对应的检索入口，供人们从技术角度用关键词、同义词和缩略语进行专利技术信息的检索；有些全文专利检索数据库还会包含权利要求和说明书两个字段，且设置与该两个字段相对应的检索入口；甚至有些专业化程度较高的专利检索软件还为这些字段设置了共同的检索入口，以方便人们在一个检索入口，用关键词、同义词和缩略语，通过一次操作完成对上述多个字段的检索。

（一）关键词检索

1. 中文关键词检索

用中文关键词进行技术角度检索时，可选用"范围最大的概念"。

案例链接 2 – 15

关键词：杀虫剂。

字符串输入格式：杀虫（当计算机检索时，通过与数据库中的相关字段内的主题词进行对比，可将"杀虫剂、杀虫液、杀虫水、杀虫面、杀虫粉……"等主题词均查找出来，从而扩大检索的范围）。

2. 英文关键词检索

用英文关键词进行技术角度检索时，可采用"词根 + 截断符"方式。

案例链接 2 – 16

关键词：heat。

字符串输入格式：heat%（"%"在此表示截断，当计算机检索时，通过与数据库中的相关字段内的英文主题词进行词根对比，可将"heat、heated、heater、heating……"等主题词均查找出来，从而扩大检索的范围）。

（二）同义词检索

将特定技术术语的同义表达找出来，用于从技术角度检索专利信息，同样可以达到扩大检索的范围的目的。

案例链接 2 – 17

案例 1：

关键词：杀虫。

同义词：灭虫、除虫、驱虫……

案例 2：

关键词：battery。

同义词：cell。

案例 3：

关键词：tumor。

同义词：cancer。

（三）缩略语检索

在专利申请文件中，申请人越来越多地使用缩略语表达特定技术术语。将特定技术术语的缩略语用于从技术角度检索专利信息，已成为主题词检索中的必要手段。

案例链接 2 – 18

案例 1：

中文关键词：干扰素。

英文关键词：Interferon。

缩略语：IFN。

案例2：

中文关键词：发光二极管。

英文关键词：Light Emitting Diode。

缩略语：LED。

四、专利分类检索方法

专利分类包含 IPC、合作专利分类（CPC）、日本专利分类（FI 和 F – Term）。国际通用的专利分类目前主要是 IPC。多数专利检索数据库至少会包含一个 IPC 字段，并设置与该字段相对应的检索入口，供人们从技术角度用 IPC 分类号进行专利技术信息的检索。

通常一个 IPC 分类号代表一个具体的技术领域、特定技术领域中的一种具体技术特征或某些技术特征集合。选择 IPC 分类号检索时，须确定该 IPC 分类号所涵盖的技术与检索需求是否吻合。

（一）特定 IPC 小组号检索

IPC 表中有专门小组分类位置，检索时直接选用该 IPC 小组号检索。

案例链接 2 – 19

检索主题：蘑菇栽培。

IPC 分类号：A01G 1/04（类名：·蘑菇的栽培）（注：IPC 小组号类名与检索主题吻合）。

字符串输入格式：A01G 1/04。

（二）多个 IPC 小组号检索

IPC 表中有代表相同检索要素的多个小组分类位置，检索时并列选用多个 IPC 小组号。

案例链接 2 – 20

检索主题：半导体器件封装。

IPC 表中小组分类位置：H01L 33/52（类名：··封装），H01L 33/54（类名：···具有特定形状的封装），H01L 33/56（类名：···封装材料，例如环氧树脂或硅树脂）。

检索提问式输入格式：H01L 33/52 or H01L 33/54 or H01L 33/56。

（三）IPC 大组号检索

检索技术主题被包含在 IPC 表的某个大组分类位置中，检索时选用该 IPC 大组号，去除"/"后的"00"或在"/"后加截断符。

案例链接 2 – 21

检索技术主题：环氧树脂。

IPC 分类号：C08G 59/00（类名：每个分子含有 1 个以上环氧基的缩聚物；环氧缩聚物与单官能团低分子量化合物反应得到的高分子；每个分子含有 1 个以上环氧基的化合物使用与该环氧基反应的固化剂或催化剂聚合得到的高分子）；C08G 59/02（类名：·每分子含有 1 个以上环氧基的缩聚物）；C08G 59/14（类名：·用化学后处理改性的缩聚物）；C08G 59/18（类名：·每个分子含有 1 个以上环氧基的化合物，使用与环氧基反应的固化剂或催化剂聚合得到的高分子）；……

字符串输入格式：C08G 59/或者 C08G 59/ + （注：C08G 59/00 大组下包括 37 个小组，每个小组都是该大组所涵盖的技术主题中的一个具体技术特征类别，因此当检索的技术主题涉及大组范围时，无需将该大组所属所有 IPC 小组分类号一一列出，而只需采取分类号截断检索即可。" + "表示截断）。

（四）IPC 小类号检索

检索技术主题被包含在 IPC 表的某个小类分类位置中，检索时直接选用该 IPC 小类号表达。

案例链接 2 – 22

检索主题：自行车制动装置。

IPC 表中小类分类位置：B62L（类名：专门适用于自行车的制动器）。

字符串输入格式：B62L + （注：" + "表示截断）。

五、根据主题词和专利分类号检索专利的方法

当人们从技术角度检索专利信息时，单纯地利用主题词或专利分类号检索线索都有可能漏检，因此将主题词和专利分类号结合起来检索，会收到较好的效果。

在将主题词和专利分类号结合起来检索时，须以检索要达到的目的为出发点，根据主题词或专利分类号所代表的具体技术含义，弄清这种结合是限定关系还是扩展关系，然后采用相应逻辑组配组成检索提问式，从而

检索出所需专利。

（一）主题词和专利分类号限定关系检索

以主题词或专利分类号作为技术领域，以专利分类号或主题词作为技术特征限定成分，用逻辑"与"运算符将二者做连接运算，可将检索结果限定到一个较为确定的技术主题范围内，从而使检索达到一定程度的准确性。

案例链接 2－23

案例 1：

检索技术主题：利用空气流动解决 LED 照明装置降温。

关键词：发光二极管，LED。

IPC 分类号：F21V 29/02（类名：·通过强迫空气通过光源上方或其周围冷却）。

检索提问式：IPC 分类号 =（F21V 29/02）and 关键词 =（发光二极管 or LED）（注："发光二极管"和"LED"从关键词和缩略语角度表达出检索涉及的技术领域，如果单纯用该主题词检索，会将所有涉及 LED 主题的专利检索出来，而利用空气流动解决 LED 照明装置降温的专利在检索结果中可能仅占很小的比例，从而造成大量误检，这会给相关专利阅读筛选工作带来巨大麻烦。"F21V 29/02"从 IPC 分类号角度表达了检索涉及的具体技术特征——"通过强迫空气通过光源上方或其周围冷却"，如果单纯用该 IPC 分类号检索，同样在检索出利用空气流动解决 LED 照明装置降温的专利的同时，也会带出利用空气流动解决其他照明装置降温的专利，同样造成大量误检；当二者用逻辑"与"运算符做连接检索，弥补了各自表达中的缺失成分，起到相互限定作用，从而使检索结果达到较准确程度，大量减少了不相关专利的人工阅读筛除工作）。

案例 2：

检索技术主题：用中草药材料制备的杀虫剂。

IPC 分类号：A01N 65/00（类名：含有藻类、地衣、苔藓、多细胞真菌或植物材料，或其提取物的杀生剂、害虫驱避剂或引诱剂或植物生长调节剂）；A01N 65/03（类名：·水藻）；A01N 65/04（类名：·蕨类植物；真蕨门）；A01N 65/06（类名：·裸子植物，例如丝柏）；……

关键词：杀虫、灭虫、除虫、驱虫。

检索提问式：IPC 分类号 =（A01N 65/＋）and 关键词 =（杀虫 or 灭

虫 or 除虫 or 驱虫）。

（二）主题词和专利分类号扩展关系检索

在进行技术角度检索时，人们在表达技术领域时可以用主题词，也可以用专利分类号，出于检全目的，将二者结合起来使用，用逻辑"或"运算符将二者做连接运算，可将检索到更多的相关技术领域的专利，从而使检索达到一定程度的准全性。

> **案例链接 2 – 24**
>
> 检索技术主题：漂浮的电缆。
>
> IPC 分类号：H01B 7/12（类名：·浮动电缆）。
>
> 关键词：漂浮、浮动、浮水，电缆、缆线。
>
> 检索提问式：IPC 分类号 =（H01B 7/12）or 关键词 =（（漂浮 or 浮动 or 浮水）and（电缆 or 缆线））（注：无论从关键词角度，还是 IPC 分类号角度，都可以检索到相关的专利。但单纯从一个角度检索，可能会漏检，将两种角度检索的结果用逻辑"或"运算符做连接运算，才有可能扩大检索范围）。

六、检索相关人相关主题专利的方法

当人们的检索目的是了解特定技术领域的竞争对手或合作伙伴，或了解特定技术人才在特定技术领域的创新能力时，就需要以专利分类号、主题词等信息特征作为限定成分，针对竞争对手、合作伙伴或技术人才进行专利相关人相关主题的专利检索。具体做法可以是：以专利分类号作为限定成分，或以主题词作为限定成分，或者以专利分类号和主题词共同作为限定成分，针对特定竞争对手进行专利检索。

（一）从专利分类号角度检索特定专利相关人的专利

从专利分类号角度检索特定专利相关人的专利时，可以选择 IPC 的小类号作为检索特定专利相关人的专利的限定成分，在特定技术领域还可以选择 IPC 的大组号作为检索特定专利相关人的专利的限定成分。

> **案例链接 2 – 25**
>
> 检索要求：张三发明的关于建筑领域的专利。
>
> 专利相关人名字名称：张三。
>
> IPC 分类号：E04（类名：建筑物）。
>
> 检索提问式：发明人 =（张三）and IPC 分类号 =（E04 + ）（注：专

利相关人选择了作为自然人的发明人；专利分类号选择了 IPC 分类的大类号，"＋"表示截断检索）。

（二）从主题词角度检索特定专利相关人的专利

从主题词角度检索特定专利相关人的专利时，可以选择较为上位的技术主题概念作为检索特定专利相关人的专利的限定成分，还可以更多地采用同义词或缩略语作为检索特定专利相关人的专利的限定成分。

案例链接 2－26

检索要求：斯伦贝谢公司关于页岩气开发的专利。

专利相关人名字名称：斯伦贝谢、施卢默格、施蓝姆伯格、施鲁博格、施伦贝格尔、史伦伯格、施产默格、施卢墨格、施伦伯格、施卢姆贝格尔、施鲁姆伯格、施蓝伯格（注：不同名称的产生因以下因素：不同专利代理机构在翻译专利申请人名称时，根据发音译出许多中文名称；输入汉字时产生的输入错误）。

关键词：页岩（注：关键词采用范围最大的概念）。

检索提问式：申请人＝（斯伦贝谢 or 施卢默格 or 施蓝姆伯格 or 施鲁博格 or 施伦贝格尔 or 史伦伯格 or 施产默格 or 施卢墨格 or 施伦伯格 or 施卢姆贝格尔 or 施鲁姆伯格 or 施蓝伯格）and 关键词＝（页岩）（注：专利相关人选择了作为法人的申请人）。

（三）从技术主题角度检索特定专利相关人的专利

为了全面了解特定专利相关人特定技术领域的专利，需要从完整的技术主题角度检索特定专利相关人的专利，可以将专利分类号和主题词共同作为检索特定专利相关人的专利的限定成分，且需按照上述"从专利分类号角度检索特定专利相关人的专利"和"从主题词角度检索特定专利相关人的专利"的基本方法进行专利检索。

七、时间或地域限定检索方法

（一）时间限定检索

当人们从技术角度或从相关人角度进行某种专利检索时，要限定检索某时段的专利，就要以表示时间的年、年月或年月日作为限定成分进行专利检索，但需要确定时间的类型和时间范围。

时间类型分为：申请日、公布公告日。

时间范围分为：从……到……、大于、大于等于、小于、小于等于。

案例链接 2 – 27

案例 1：

检索要求：跟踪 2014 年 8 月 1 日以后有关自行车制动装置专利技术信息。

IPC 分类号：B62L（类名：专门适用于自行车的制动器）。

公布公告日：20140801。

检索提问式：IPC 分类号 =（B62L + ）and 公布公告日 >=（20140801）（注：检索 2014 年 8 月 1 日以后的专利时，运算连接符采用大于等于，即"> ="）。

案例 2：

检索要求：找出能够影响 2012 年 12 月 24 日申请的 ZL201220715272.6 号中国实用新型专利的新颖性或创造性的对比文件。

关键词：挤牙膏；牙刷。

申请日：20121224。

检索提问式：关键词 =（挤牙膏 and 牙刷）and 申请日 <（20121224）（注：检索申请日 2014 年 8 月 1 日以前的专利时，运算连接符采用小于，即"<"）。

（二）地域限定检索

当人们从技术角度或从相关人角度进行某种专利检索时，要限定检索特定国家或某地区的专利，就要以表示地区的地名或地区代码作为限定成分进行专利检索。

案例链接 2 – 28

检索要求：统计芜湖地区环氧树脂专利申请状况。

关键词：环氧树脂。

IPC 分类号：C08G 59/00（类名：每个分子含有 1 个以上环氧基的缩聚物；环氧缩聚物与单官能团低分子量化合物反应得到的高分子；每个分子含有 1 个以上环氧基的化合物使用与该环氧基反应的固化剂或催化剂聚合得到的高分子）；C08G 59/02（类名：·每分子含有 1 个以上环氧基的缩聚物）；C08G 59/14（类名：·用化学后处理改性的缩聚物）；C08G 59/18（类名：·每个分子含有 1 个以上环氧基的化合物，使用与环氧基反应的固化剂或催化剂聚合得到的高分子）；……

申请人地址：芜湖，繁昌县、南陵县、无为县；安徽。

检索提问式：（关键词＝（环氧树脂）or IPC 分类号＝（C08G 59/＋））and 申请人地址＝（（芜湖 or 繁昌 or 南陵 or 无为）and 安徽）（注：检索中国某省下辖市的专利时，不仅要检索该市市名，还应检索该市下辖的县名，因为许多县的专利申请地址在省名后直接是县名，省略了中间的市名）。

本节要点

1. 常用专利信息检索线索主要是专利号码、专利相关人、主题词和专利分类号。

2. 专利号码是一个具有泛指性的概念，它可以是指专利申请的申请号或优先申请号，也可以是指专利文献的申请公布号或授权公告号。

3. 专利号码检索的 3 种情况：（1）根据专利号码检索特定专利文献；（2）根据专利号码检索专利法律状态信息；（3）根据专利号码检索同族专利。

4. 多数专利数据库通常将专利相关人区分为申请人（含专利权人）和发明人两个检索字段，分别在专利检索软件中设立相关检索入口，以方便人们检索。法人仅能在申请人检索字段检索；自然人既可以在申请人检索字段检索，也可以在发明人检索字段检索。

5. 多数专利检索数据库至少会包含发明名称和摘要两个字段，并设置与该两个字段相对应的检索入口，供人们从技术角度用关键词、同义词和缩略语进行专利技术信息的检索；有些全文专利检索数据库还会包含权利要求和说明书两个字段，且设置与该两个字段相对应的检索入口；甚至有些专业化程度较高的专利检索软件还为这些字段设置了共同的检索入口，以方便人们在一个检索入口，用关键词、同义词和缩略语，通过一次操作完成对上述多个字段的检索。

6. 国际通用的专利分类目前主要是 IPC。多数专利检索数据库至少会包含一个 IPC 字段，并设置与该字段相对应的检索入口，供人们从技术角度用 IPC 号进行专利技术信息的检索。

7. 除了单一条件检索外，还可以运用进行主题词和专利分类号扩展关系检索、相关人相关主题专利检索、时间或地域限定检索等方法来实现某些特定目的。

思 考 题

1. 什么是专利文献？
2. 中国有哪些专利文献？
3. 什么是专利信息？
4. 为什么要利用专利文献信息？
5. 为什么进行技术角度检索要使用 PSS？
6. 进行技术角度检索时为什么要使用 IPC？
7. 技术角度检索有哪些专利检索种类，有什么区别？
8. 专利号码角度检索有哪些专利检索种类，有什么作用？
9. 名字名称角度检索有哪些种类，可解决什么问题？
10. 科研立项、技术创新、产品研发中应进行哪些专利检索，为什么？
11. 专利信息检索有哪些类型的数据库？
12. 检索软件中哪些因素对专利技术角度检索会产生影响？
13. 专利信息检索常用技术有哪些？
14. 专利号码检索可以解决哪些问题？
15. 专利相关人检索要注意哪些问题？
16. 主题词检索应注意哪些问题？
17. 专利分类号检索应注意哪些问题？
18. 主题词和专利分类号结合检索应注意哪些问题？
19. 相关人相关主题检索应注意哪些问题？
20. 时间和区域限定检索应注意哪些问题？

第三章　企业专利申请管理

学习目标

通过对企业技术成果从专利申请到获得授权后所涉及的操作实务进行学习，了解技术秘密与专利保护的概念和不同特点，初步掌握判断发明创造的专利性基本方法，熟悉准备专利申请文件、跟进专利申请过程，并掌握在获得专利权后如何进行专利管理。

随着科学技术的发展，知识产权在企业的创新发展中的作用日益凸显。以技术创新成果为内核的专利技术日益成为企业在市场竞争中的重要手段，并且进而构成企业核心竞争优势的关键性战略资源。企业在运用专利手段实现竞争时，专利储备的质量和数量将成为制胜的基础。

企业要实现专利储备首先应该具备足够的创新能力，创新成果是专利技术的内核。但是，拥有创新能力并不等同于可以拥有高质量的专利权。许多企业自身的创新能力非常突出，然而在专利申请的环节，疏于进行专利申请管理。有些没有对本领域的现有技术进行有效的梳理，有些没有对自身的创新成果进行充分的挖掘和布局，申请的专利对自身的创新成果不但达不到有效保护，反而启发竞争对手进行技术突破，使自己处于不利境地。因此，有效的专利申请管理对企业实现高质量专利储备，提升企业知识产权综合管理能力，从而进一步提升自主创新和创新转化能力至关重要。

专利申请管理，是企业围绕技术创新和知识产权保护工作，在合理选择保护形式，对技术成果进行技术分析、专利挖掘和专利布局，选择与管理专利代理机构，以及专利申请与审批过程中的文档管理等方面进行的管理活动。

第一节　专利保护与技术秘密保护的不同特点与选择

企业的创新成果属于企业的无形资产，需要利用法律制度给予保护。

以何种形式才能更好地保护创新成果，这是企业首先需要考虑的问题。一般来讲，对于技术成果，企业可以申请专利，利用专利制度进行保护；也可以对其采取保密措施，作为技术秘密进行保护。这应该根据企业的具体情况，进行分析和选择。

一、技术秘密的概念

技术秘密是商业秘密的一种，根据《反不正当竞争法》第十条和《国家工商行政管理局关于禁止侵犯商业秘密行为的若干规定》第二条的规定，"商业秘密，是指不为公众所知悉、能为权利人带来经济利益、具有实用性并经权利人采取保密措施的技术信息和经营信息"。商业秘密包括了技术秘密和经营信息两部分。《最高人民法院关于审理技术合同纠纷案件适用法律若干问题的解释》第一条第二款又对技术秘密作了补充规定，即技术秘密是指不为公众所知悉、具有商业价值并经权利人采取保密措施的技术信息。

二、技术秘密的特点

技术秘密具有以下 4 个明显特点。

（一）秘密性

技术秘密必须具有实质上的秘密性或秘密因素，也就是"不为公众所知悉"，技术秘密的核心只是由技术秘密的权利人或相关具有保密义务的人或组织才能知悉，其他组织或人员要想获得此技术秘密就只能花费相应劳动去探究（在不违反社会道德的前提下）或付出足够的酬金去得到权利人的许可，要么就只能采取故意侵权的方法。

（二）实用性

技术秘密具有实用性，可以为技术秘密的权利人带来相应的经济利益。没有实用性的技术没有成为秘密的必要，不能成为真正的技术秘密。

（三）价值性

技术秘密现在或将来的使用，可以给技术秘密的权利人带来现实的或潜在的竞争优势。技术秘密可以是正在被权利人使用的，也可以是由权利人控制尚未使用的。

（四）保密性

技术秘密的权利人必须针对技术秘密本身采取相应的保护措施，技术秘密一旦公诸于众就失去了存在的价值，重要的是单位或组织能否对技术秘密采取保密措施，这是该技术秘密取得法律保护的前提要求。

三、专利保护与技术秘密保护的区别

如表 3-1 所示，专利保护与技术秘密之间有以下几方面的区别。

表 3-1　专利保护与技术秘密之间的区别

类型	公开性	排他性	法律保护依据	保护期	地域性	泄密风险
专利保护	必须公开（保密专利除外）	有排他性	《专利法》	10~20 年	有地域限制	无泄密风险
技术秘密	无须公开	无排他性	《合同法》与《反不正当竞争法》等	理论上无期限	无地域限制	泄密风险较高

下面将具体对表 3-1 中的各项区别进行说明。

（一）公开性

技术秘密是不公开的技术，它要尽量保密，一旦丧失秘密性，就不再构成技术秘密，不能够再以技术秘密加以保护。

专利申请获得授权保护后则一定是公开的（保密专利除外）。根据《专利法》第三十四条的规定，国务院专利行政部门收到发明专利申请后，经初步审查认为符合该法要求的，自申请日起满 18 个月，即行"公布"；根据《专利法》第三十九条、第四十条的规定，发明、实用新型和外观设计专利申请授权时将"予以登记和公告"。这里的"公布"和"公告"均为专利技术信息的公开。

（二）排他性

专利权人对专利技术享有排他的独占权，《专利法》第十一条第一款规定："发明和实用新型专利权被授予后，除本法另有规定的以外，任何单位或者个人未经专利权人许可，都不得实施其专利，即不得为生产经营目的制造、使用、许诺销售、销售、进口其专利产品，或者使用其专利方法以及使用、许诺销售、销售、进口依照该专利方法直接获得的产品。"专利权人有权许可他人实施专利，并收取使用费，有权转让其专利权。任何单位或者个人实施他人专利的，除《专利法》有关规定许可和不视为侵犯专利权的情况以外，必须与专利权人订立书面实施许可合同，向专利权人支付专利使用费，被许可人无权允许合同规定以外的任何单位或者个人

实施该专利，即专利权具有鲜明的独占性。

技术秘密最大的特征是秘密性，甲拥有该秘密技术，由于甲的技术完全是保密状态，其他人是不知晓的，乙完全有可能经过自己的研发努力，发明了与甲完全一样的技术，乙也对自己的技术采取商业秘密的保护方式进行保护，则乙的技术也是处于保密状态。但对同一种技术，甲乙同时拥有。正是由于同一种技术可以同时由两个或两个以上技术秘密权利人共同享有，故当他人通过自行开发、反向工程等途径获得与技术秘密权利人相同或类似的信息，技术秘密权利人是无权进行干预的，故保护性较弱，而一旦任意一个技术秘密权利人的技术秘密被泄露，其他技术秘密权利人的技术秘密也就不再是技术秘密了。

技术秘密权利人的权利主要体现在阻止他人以不正当方法使用其技术秘密，如窃取他人技术秘密、违反保密条款向他人透露技术秘密等。技术秘密权利人无权制止他人通过正当途径发现或者获取技术秘密的行为。他人可通过自己的独立研究发现其技术秘密，或通过分析其产品而获知其技术秘密，这些都是法律所允许的。

（三）法律保护依据

技术秘密的法律保护性质尚不明确，通常是通过多种法律的相互补充进行保护的，法律保护的依据主要来自《合同法》与《反不正当竞争法》。技术秘密权利人在进行技术秘密的使用许可时，与被许可人签订使用许可合同时，一定要注意将保护条款写入合同，这样，就会基于双方约定产生了技术秘密的被许可人对许可人技术秘密的保密义务，依据《合同法》第四十三条的规定，当事人在订立合同过程中知悉的商业秘密，无论合同是否成立，不得泄露或者不正当地使用。泄露或者不正当地使用该商业秘密给对方造成损失的，应当承担损害赔偿责任。《反不正当竞争法》和1998年修订的《国家工商行政管理局关于禁止侵犯商业秘密行为的若干规定》也对技术秘密提供了法律保护。根据《反不正当竞争法》第十条第一款规定："经营者不得采用下列手段侵犯商业秘密：（一）以盗窃、利诱、胁迫或者其他不正当手段获取权利人的商业秘密；（二）披露、使用或者允许他人使用以前项手段获得的权利人的商业秘密；（三）违反约定或者违反权利人有关保守商业秘密的要求，披露、使用或者允许他人使用其所掌握的商业秘密。"而专利受到国家专利法保护，有较强的法律地位。

（四）保护期

专利的专有使用权有法定的保护期，我国《专利法》第四十二条规定："发明专利权的期限为二十年，实用新型专利权和外观设计专利权的期限为十年，均自申请日起计算。"专利权期满终止后，相应的技术进入公有领域，任何人均可任意使用。

技术秘密的保护期是以其保密状态的存续期间为准，只要严守秘密，并且不被新技术所取代，其保护期可以是无限的。技术秘密可以无限期存在，使得相应的技术能够一直为该企业带来经济效益，并始终保持竞争优势，进而垄断市场。

（五）地域性

技术秘密不受地域限制，由技术秘密权利人根据自己的需要在不同的国家、地区自行或许可他人使用，同时也由技术秘密权利人自行采取保密措施进行保护，因此商业秘密的保护不受地域限制。跟注册商标专用权、著作权相似，专利权的取得依国家的法律产生，并在该国的管辖范围内有效，专利的申请和保护具有地域性，在一定的地域内受保护，超出该地域则不再受该地域法律的保护，因此专利具有地域限制。

（六）泄密风险

技术秘密权利人由于管理不善而泄露秘密或由于其他人的独立研发而公诸于众，都可以使技术秘密不复存在。除此之外，在技术秘密侵权案中，法院可能裁定权利人的技术信息不符合技术秘密的条件，比如不具备新颖性、未采取必要的保密措施等而不能作为技术秘密受到法律的保护。因此，对于技术秘密来讲，必须采取积极的措施才能保证技术秘密的存续，而专利只要客观上满足条件，就可以在有限的期间内享有权利。但是在专利申请过程中，国务院专利行政部门将申请人的发明创造的内容向公众公开，如果由于种种原因，会导致专利申请在实质审查的过程中被驳回，或者授权之后被无效，那么对于申请人来说只能尽了公开技术的义务，而无法再享有独占该项技术的权利。相对来说，技术秘密权利人所承担的风险更大一些。

四、专利保护与技术秘密保护选择的原则与技巧

企业就一项技术创新内容进行保护时，应综合考虑该技术的特点、技术保密的难易程度、企业承受的成本等因素，来选择最适合的保护形式。

一般来说，对于可以通过保密措施使外界无法得知的技术创新，可以采取技术秘密的方式予以保护；对于必须公开或者可以容易通过反向工程得出的技术创新，则建议用专利保护。

例如，对于化学配方等难于破解的技术，如果可以通过技术秘密的方式来保护，则能够最大限度地减小其扩散范围，也降低了维权成本；但是，对于机械结构类的创新，一般不适合采用技术秘密的方式保护，这是因为一旦产品走向市场，将很容易被模仿出来，在这种情况下，只能采取专利保护。

对于一些技术创新，也可以采取技术秘密和专利保护相结合的方法，以取得最优的保护效果。例如，可以将部分内容申请专利，受到《专利法》的保护，同时可以选择少数核心关键内容作为技术秘密不公开。例如，对于在一个大数据范围内可以实现基本技术效果，但是只有在某个关键点才能得到最优技术效果的技术方案，采取专利保护可以达到基本效果的包含大数据范围的技术方案，包含最优数据点的技术方案则用技术秘密来保护；或者使用专利保护一个可以实现基本技术效果的配方，而用技术秘密保护其中某个关键数据或成分。

综上，需要提醒的是，在技术秘密保护的形式下，一旦技术秘密被泄露出去，即使可以追究泄密人的责任，该技术也很难再继续受到保护。因此，企业要充分考虑技术秘密方案的泄密风险，充分考虑技术秘密管理制度、人员流动性等泄密因素。

案例链接 3 – 1

可口可乐公司用技术秘密保护配方

可口可乐公司用技术秘密保护其配方至今已有 100 多年，其每天销售额高达数亿美元，这是技术秘密保护最成功的例子之一。

案例解读：可口可乐公司采用技术秘密形式保护其配方，使得该公司独占该项技术长达 100 多年，这是专利制度所不能达到的保护期限。这也得益于其严密的保守秘密制度。如果不能从制度上杜绝泄露技术秘密，那么就应当采用其他的保护方式。

案例链接 3 – 2

专利申请保护最新开发技术成果

某公司研制出了一种钴铬合金的肾动脉支架。通过分析，该成果不仅规避了其他公司的专利，而且比其他公司的专利技术效果还要好。他们将自己的研发成果申请全方位保护的专利：（1）对于钴铬合金支架的制造方法，可以采用发明专利来申请；（2）对于钴铬合金肾动脉支架的整体结构，可以采用实用新型专利来申请；（3）对于钴铬合金肾动脉支架的外形，可以采用外观专利来申请。

案例解读：该公司在创新成果研发出来之后迅速用适当类型的专利予以保护，能够有效避免竞争对手对其自主研发成果的模仿和抄袭。

> **本节要点**
>
> 1. 技术秘密是指不为公众所知悉、具有商业价值并经权利人采取保密措施的技术信息。
>
> 2. 技术秘密的特点包括秘密性、实用性、价值性和保密性4个特点。
>
> 3. 专利保护和技术秘密保护的区别主要体现在公开性、排他性、法律保护依据、保护期、地域性和泄密风险6个方面。
>
> 4. 专利保护与技术秘密保护选择的原则在于，对于可以通过保密措施使其无法被外界得知的技术创新，可以采取技术秘密的方式予以保护。对于必须公开或者可以容易通过反向工程得出的技术创新，则应用专利保护。对于一些技术创新，建议企业可以采取技术秘密保护和专利保护相结合的方法，以取得最优的保护效果。

第二节　专利申请前的准备

专利申请是获得专利权的前提。企业在申请专利之前，需要根据企业自身技术研发方向、市场战略定位、行业竞争状况以及合作方对项目知识产权保护状况要求等因素，对创新成果的保护形式、专利申请类型（发明、实用新型、外观设计）、专利申请提交的时间、在中国申请还是向国外申请以及核心专利和外围专利的布局等方面进行准备和分析。在企业专利申请管理中，专利申请前的准备非常重要，一方面，企业需要选择适当的保护方式充分利用创新成果为企业参与市场竞争服务；另一方面，企业也需要确保其自身资源投入到合理的领域并获得预期的回报。❶

通过专利申请前的准备，企业可以实现以下几个方面的目的：

（1）区分出某一技术是否需要利用专利方式进行保护，确保技术秘密不被公众公知，保持企业技术领先优势；

（2）对技术方案进行专利初步检索分析，及时发现和获知专利风险，避免重复劳动并最大限度地避免专利纠纷；

---

❶ 杨铁军. 企业专利工作实务手册［M］. 北京：知识产权出版社，2013.

（3）专利申请多角度分析和挖掘，确定核心专利和外围专利，构建合理的专利池，促使企业在市场竞争中占据有利竞争地位；

（4）对专利申请费用进行预算，在企业科研经费中预留合理费用，确保核心专利成功申报，实现收益最大化。

一、技术成果的专利性要求

在对一项技术成果提出专利申请之前，首先需要考虑如何选择技术成果的保护方式，是否应该提出专利申请。

企业的技术成果通常以 3 种方式进行保护：专利保护、技术秘密保护和防御性公开。在选择时，首先，确定需要技术秘密保护的技术成果；其次，确定需要以专利申请方式获得保护的技术成果；最后，对于一些本企业不想申请保护又希望避免他人申请专利获得独占权的技术成果，选择作防御性公开，即主动公开技术内容。

确定一项技术成果是否适用于以专利申请方式进行保护，主要考虑以下几点：

（1）此项技术成果是行业内的新技术；

（2）此项技术成果的生命周期比较长，至少 3 年以上；

（3）此项技术成果比较容易被竞争对手通过相应研发获得；

（4）此项技术成果比较容易通过反向工程或者类似途径进行破译获得技术细节。

对于符合上述 4 点要求的技术成果，企业可以优选考虑通过申请专利的方式进行保护。

在确定需要进行专利保护之后，需要考虑该技术是否基本符合专利性的要求。专利性主要包括以下两个方面。

（一）技术成果是否为可授权情形

不授予专利权的情形通常包括 3 种：

第一种情形，不符合有关专利保护客体的规定，以发明专利申请为例，专利法所称发明，是指对产品、方法或者其改进所提出的新的技术方案，这是对可申请专利保护的发明客体的一般性定义。

案例链接 3-3

一种由单频激光器发出的稳定频率激光，所述单频激光器包括激光管和稳频器。

案例解读：该申请的主题是一种激光，作为一种能量本身不受《专利法》保护，但其发生装置或者产生方法为可授予专利权的客体。也就是说，气味或者诸如声、光、电、磁、波等信号或者能量不符合有关专利保护客体的规定；而且，图形、平面、曲面、弧线等本身仅仅是一种图形也不符合有关专利保护客体的规定，但是具有图形、平面、曲面、弧线等构造的产品属于可授权专利权的客体。

第二种情形，对违反法律、社会公德或者妨害公共利益的发明创造，不授予专利权。对违反法律、行政法规的规定获取或者利用遗传资源，并依赖该遗传资源完成的发明创造，不授予专利权。

案例链接 3 – 4

一种能够使人双目失明的喷剂。

案例解读：该主题不能被授予专利权，因为该喷剂会造成对人身的伤害，其实施违反了我国法律，不能够被授予专利权。

第三种情形，对下述各项，不授予专利权：

（1）科学发现；

（2）智力活动的规则和方法；

（3）疾病的诊断和治疗方法，但涉及养殖动物的除外；

（4）动物和植物品种；

（5）用原子核变换方法获得的物质；

（6）对平面印刷品的图案、色彩或者二者的结合作出的主要起标识作用的设计。

对于第（4）项所列产品的生产方法，可以依照《专利法》规定授予专利权。

案例链接 3 – 5

案例1：

一种通过测定分析物的胃蛋白酶原Ⅰ、胃泌素和幽门螺杆菌感染标志物来诊断萎缩性胃炎的方法。

案例解读：该方法涉及一种离体样本检测方法，其直接目的是诊断该样本主体是否患有萎缩性胃炎，因此该方法属于疾病的诊断方法，属于不能被授予专利权的主题，所以不适合对该主题进行专利保护。

案例2：

一种扑克牌的玩法、日历、纯计算机软件等。

案例解读：这些主题都属于智力活动的规则和方法，不能被授予专利权。

在上述 3 种情形中，第一种情形是对可授予专利权的客体作出的一般性规定；第二种情形是考虑到国家和社会的利益，对违反法律、社会公德或者妨碍公共利益的发明创造不授予专利权，而且这种情形是针对整个专利申请文件提出的要求；第三种情形进一步规定了具体几种不授予专利权的客体情形，而且需要注意的是这种情形是针对专利申请文件的权利要求书提出的。

（二）技术成果是否被在先公开或者被在先使用

在技术成果提交专利申请的申请日之前，该技术没有在国内外出版物上公开发表过、在国内外公开使用过或者以其他方式为公众所周知。

二、专利初步检索

本章所述的专利初步检索，是指专利申请前针对企业研发项目相关主题进行的新颖性检索，属于专利申请前准备工作的一部分。专利初步检索的主要目标是检索与企业的技术或者产品方案密切相关的专利。在检索过程中，需要通过对技术或者与产品方案相关的技术进行理解和分析，确定该方案的技术构成，列出该方案中可能存在的侵权风险的所有技术点，并对每一个技术点提取必要的技术特征。根据这些技术特征选择检索要素，构造初步的检索式。然后在初步检索的基础上进一步完善对技术点的理解，重新总结技术点的特征和特征表达方式，修正检索式。根据修正后的检索式完成检索，采集有关的专利情报和信息（见图 3 - 1）。

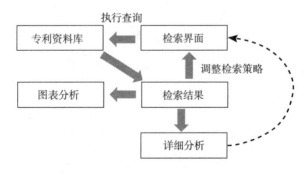

图 3 - 1 专利检索流程

专利数据库可以通过多家检索网站提供的检索平台和工具进行检索。具体检索技巧请参照本书第二章相关内容，此处不再赘述。

三、专利挖掘

专利挖掘是指在技术研发或产品开发中，对所取得的技术成果从技术和法律层面进行剖析、整理、拆分和筛选，从而确定用以申请专利的技术创新点的技术方案。简单来说就是从创新成果中提炼出具有专利申请和保护价值的技术创新点和方案。专利挖掘是开展专利管理工作的基础，也是进行专利布局、构建专利组合的前提。通过规范化的专利挖掘机制和流程，能够帮助企业为其创新技术成果提供更为全面、有效的保护。

专利挖掘通常具有以下 4 点有益效果：

（1）可以更加准确地抓住企业技术创新成果的主要发明点。对专利申请文件中的权利要求及其组合进行精巧设计，既确保相关专利权利要求保护范围尽可能大，又确保权利要求的法律稳定性，提升了专利申请的综合质量。

（2）可以对企业技术创新成果进行多维度保护。全面、充分、有效地保护技术创新，梳理并掌握可能具有专利申请价值的各主要技术点及其外围的关联技术，避免出现专利保护的漏洞。

（3）可以进行合理专利布局。站在专利整体布局的高度，利用核心专利和外围专利相互结合进行组合、卡位，形成严密的专利网，一方面培育巩固企业自身的核心竞争力，另一方面与竞争对手形成有效对抗甚至在相关技术要点上构成反制。

（4）可以对竞争对手专利状况重点进行分析。尽早发现竞争对手有威胁的重要专利，便于企业设计开发时有意识地规避专利风险。

简言之，对于企业而言，做好专利挖掘，有利于实现法律权利和商业收益最大化、专利侵权风险最小化的目标。

企业专利管理人员对专利挖掘应当避免进入以下误区。

1. 一件产品等于一件专利

一件专利是解决某一技术问题的一个技术方案，一件产品中可能存在多个发明点，每个发明点就是针对现有问题所作的一种改进或创新，每个发明点对应一个技术方案或一件专利。因此，一件产品可能对应多件专利。同时一件撰写得当的专利可以保护一系列的产品，甚至覆盖整个技术链、产业链的产品。

2. 方案简单就没有专利性

结构简单的技术方案，并不代表没有技术创新。对于构思巧妙、实现方式简单的发明创造，更应该通过专利保护来对抗竞争对手的仿制和改进。

案例链接3－6

专利挖掘案例1：[1]

包装袋——确定实现发明目的采用的具体技术手段，从含有该技术手段的一个技术方案扩展出含有该技术手段的多个技术方案。

案例解读：在现有技术中，包装袋用于微波加热时存在因膨胀压力而使袋子破裂、内装物飞溅的风险。发明人发明了一种包装袋，如图3－2所示，在袋体气压过高时粘接部105处应力集中首先发生粘接破坏而打开，继而附近的边缘密封部104也发生材料破坏而打开，从而形成开口，起到释放压力的作用。该方案采用的技术手段是在边缘密封部附近形成应力集中点，从而借助于应力集中引起边缘密封部的材料破坏。

专利挖掘时可以扩展到借助于上述技术手段解决问题的其他方案，如图3－3所示。

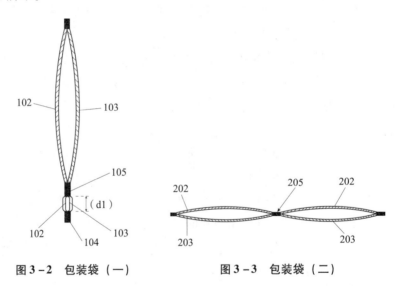

图3－2　包装袋（一）　　　　图3－3　包装袋（二）

专利挖掘案例2：

防风伞——从解决的技术问题入手，从一个能解决该技术问题的技术方案，扩展到多个能解决该技术问题的技术方案。

案例解读：雨伞在使用中要解决的技术问题是防风。发明人提供一种解决方案是通过将伞面分解成6~8个不同形状的三角形以实现更好的防风效果。专利挖掘时考虑如何更好地解决防风技术问题，提出另一种解决方

[1]　王澄. 机械领域发明专利申请文件撰写与答复技巧［M］. 北京：知识产权出版社，2012.

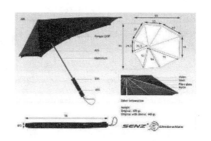

United States Patent   D599,103
Hoogendoorn, et al.   September 1, 2009

图3-4 防风伞

案，通过支撑伞面的支撑杆件可伸缩设计调节其连接的具有弹性的伞面形状发生变化以实现防风和防雨性。

四、专利布局

专利布局是指企业综合产业、市场和法律等因素，对专利进行有机结合，构建严密、高效的专利保护网，最终形成对企业有利格局的专利组合。

在企业实施专利布局时，需要关注地域布局，亦需要从产品和技术的角度去规划适合自己的专利布局策略。不同的产品所占市场规模、竞争情况、销售区域等因素都存在很大差异，其未来发展的方向也不尽相同。在产品层面上进行专利布局，根据不同产品选取不同的布局策略，可使企业专利申请更有效、更系统、更具针对性，相关专利也可以发挥更大的作用。

企业在进行专利布局时，需要注意以下问题。

第一，要解决定位的问题。

专利布局的目的是什么？是为了保护市场、保护核心技术或者产品、破除市场壁垒，还是打击竞争对手？不同的目标决定了专利布局不同的工作思路和工作方式，总体来说，应当以终为始，就是在布局之初就要规划好专利布局的目的。

第二，要关注专利布局的方法。

如果是为了保护市场进行的专利布局，此时应当注意的是产品都会覆盖到哪些国家或者地区。由于专利具有地域性，如果产品需要进入到不同国家或者地区，则在产品进入该国家或者地区之前，应当在当地申请专利，即"产品未动，专利先行"。

如果是为了保护核心技术或者核心产品，则应当对该技术或产品所在领域的专利进行充分的研究，然后在结合该项核心技术进行充分的挖掘，把所有可能的方案都进行提炼，包括各种替代技术、变劣技术、前沿技术等。

如果是为了破除市场壁垒，比如某公司已经围绕某项技术建立了完整的专利壁垒，此时应当围绕现有的专利技术进行充分的研究，找到布局的空白点，比如替代的、变劣的技术，以及将来的技术走向等。

如果是为了打击竞争对手，则应当对竞争对手的专利和产品同时进行研究，从专利的角度来看是否有保护漏洞，从产品的角度来研究该产品可能的发展方向，然后提前进行专利布局；并且，应当在竞争对手的主场也就是其所在国家和其产品所在国家申请专利，一旦发生跟竞争对手的专利诉讼，就可以启用这些埋伏。

第三，要考虑专利布局的实施情况。

首先，应当充分了解本公司的产品和技术，了解行业内的产品和技术，对于产品的技术发展走向具有一定的前瞻性和预见性，熟悉专利布局的各种方法，充分掌握专利挖掘方法和技巧。

其次，应当对本行业内的专利技术进行充分的研究，研究竞争对手的专利技术的发展程度，判断对于本公司的技术是否有借鉴性和参考意义。

第四，要形成尽可能多的技术方案。

结合本公司自有技术，并对行业的前瞻技术进行充分的挖掘和构思，尽可能多地提炼相关的技术方案。

第五，对提炼出来的技术方案进行评审。

这些技术方案能够覆盖本公司的哪些产品、竞争对手的哪些产品，这些技术方案的优先级顺序怎么样，可以从法律、技术和市场的角度对这些技术方案进行评级，然后选择合适的申请策略。

案例链接 3 - 7

富士康公司生产的一种连接内存和线路板之间的连接器，约 1 厘米宽、5 厘米长，却布满 400 多个针孔般小洞，产品本身价值只有 2 美元，但是该产品作为一项核心技术却拥有 8000 多项专利，涵盖了材质、固定角度、散热方式和模具制造等各个方面。连接器不但是富士康做大做强的基石，目前仍是其最赚钱的产品。这个案例说明核心技术的充分挖掘和保护将形成难以攻破的市场壁垒。

美国某公司在 1979 年对图形用户界面技术及时申请专利，就是将专利申请作为技术储备的一个典型例子。该公司的这项技术后来构成了苹果 Mac 和微软 Windows 的个人电脑操作系统的基础，但是当时该公司管理层根本没有料到个人电脑具有现在这样大的市场机会。

2008 年的德国汉诺威展览会场上，大批中国电子厂商由于涉嫌侵权而被卷入民事诉讼甚至面临刑事诉讼，很大原因是由于中国厂商不注重专利保护和专利的地域布局，同时对于竞争对手的专利布局情况也基本不了解。这样盲目进入一个新的市场存在很大的法律风险。

五、申请中国专利和其他国家或组织专利的途径

由于专利权具有地域性特征，即向中国国家知识产权局提交的申请在中国地域范围内有效，向某个国家或者组织提出的专利申请将有望获得其相应地域范围内的授权。申请人需要根据企业产品市场的区域分布，分别申请中国专利或其他某个国家或者地区的专利。

值得注意的是，根据中国《专利法实施细则》第八条的规定，任何单位或者个人将在中国完成的发明或者实用新型向外国申请专利的，应当事先报经国家知识产权局进行保密审查，以便维护国家安全和重大利益。委托代理机构办理的，代理机构一般会代为申报。

目前，中国申请人申请中国专利时，申请人应当以电子文件形式或书面形式提交专利申请，目前许多人以电子文件形式提交。

（1）申请人以电子文件形式申请专利的，应当事先办理电子申请用户注册手续，通过国家知识产权局专利电子申请系统向国家知识产权局提交专利申请文件及其他文件。目前我国电子申请率已经达到 90% 以上。

（2）申请人以书面形式申请专利的，可以将专利申请文件及其他文件当面交到国家知识产权局的受理窗口或寄交至"国家知识产权局专利局受理处"，也可以当面交到设在地方的专利代办处的受理窗口或寄交至"国家知识产权局专利局××代办处"。

国防专利申请由国防知识产权局专门受理。

在现阶段，中国的申请人向国外申请专利的途径主要有两种，如图 3-5 所示。

（1）传统的《巴黎公约》途径，若想获得多个国家的专利，申请人应

先在中国进行首次申请，并自该首次申请日（即优先权日）起 12 个月内分别向多个国家专利局提交多份申请文件，并缴纳相应的费用。在相应国家获得授权后，专利权自向该国家递交申请文件的日期起有效。目前，《巴黎公约》共有成员国 176 个。

（2）PCT（《专利合作条约》）途径，申请人可以直接向中国国家知识产权局（受理局）提交一份 PCT 国际申请，该提交日即为国际申请日。要求优先权的，应自优先权日起 12 个月内提出。申请人可以自优先权日起 30 个月内向欲获得专利的成员国专利局提交专利申请文件的译文，并缴纳相应的费用，启动进入相应国家的审查程序。在相应国家获得授权后，专利权自国际申请日起有效。截至 2016 年初，PCT 成员国已有 148 个。

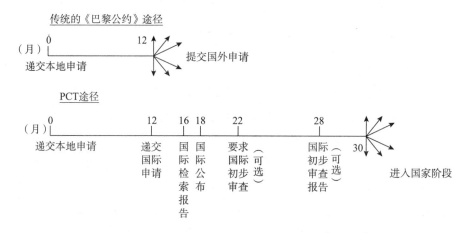

图 3-5　中国的申请人向国外申请专利的途径

六、专利费用预算

企业在进行专利管理工作中遇到的费用种类较多，各种费用的期限也不相同。因此，企业专利管理部门在管理各项专利费用时，需要有科学、有效的专利预算管理体系。

专利费用主要有向国家知识产权局缴纳的各种费用以及专利代理过程中产生的代理相关费用。为此，可以将专利费用分为两类：

（1）按委托合同支付的专利代理费，包括申请阶段、实质审查阶段、授权办理登记手续阶段以及复审、无效阶段相关费用，一般在每个阶段事务开始之前商定并支付相关费用。

（2）按标准缴纳的国家知识产权局官费，包括申请费、实质审查请求费、办理授权登记费用、著录项目变更费、年费等。

本节要点

1. 企业的技术成果通常以以下方式进行保护：专利保护、技术秘密和防御性公开。

2. 企业通过专利申请前的准备可实现 4 个目的：第一，区分出某一技术是否需要利用专利方式进行保护；第二，对技术方案进行专利初步检索了解更多信息；第三，对专利申请进行多角度分析和挖掘；第四，对专利申请费用进行预算确保核心专利成功申报。

3. 一项技术成果适用于以专利申请方式进行保护主要在于：（1）此项技术成果是行业内的新技术；（2）此项技术成果的生命周期比较长，至少3 年以上；（3）此项技术成果比较容易被竞争对手通过相应研发即可获得；（4）此项技术成果比较容易通过反向工程或者类似途径破译获得技术细节。

4. 专利检索的主要目的是检索与企业的技术方案或者产品方案密切相关的专利。

5. 专利挖掘是指在技术研发或产品开发中，对所取得的技术成果从技术和法律层面进行剖析、整理、拆分和筛选，从而确定用以申请专利的技术创新点的技术方案。专利挖掘具有以下有益效果：第一，可以更加准确地抓住企业技术创新的主要发明点；第二，可以对企业技术创新成果进行多维度保护；第三，可以进行合理专利布局；第四，可以对竞争对手专利状况进行深入分析。

6. 专利布局是指企业综合产业、市场和法律等因素，对专利进行有机结合，构建严密、高效的专利保护网，最终形成对企业有利格局的专利组合。

7. 申请中国专利的途径是指，申请人应当以书面形式或者电子文件形式向国家知识产权局提交专利申请。

8. 中国的申请人向国外申请专利的途径主要包括两种：第一，申请人自优先权日起 12 个月内分别向多个国家专利局提交多份申请文件的《巴黎公约》途径；第二，以 PCT 途径向指定受理局提交一份 PCT 申请，在一定期限内向欲获得专利的专利局提交专利申请文件的译文。

9. 专利费用主要包括向国家知识产权局缴纳的各种费用以及专利代理过程中产生的相关代理费用。

第三节　技术交底书的准备

技术交底书是企业技术人员针对其技术创新成果所提供的技术资料，以便将需要申请专利的技术呈现给专利代理机构或企业专利部门。专利代理机构的专利代理人或企业专利工程师通过技术交底书了解相关内容，并按照法律要求进行专利申请文件的撰写和完善。技术交底书可以看作是企业技术人员与专利代理人或企业专利工程师之间的桥梁，是撰写专利申请文件的基础。❶

一、技术交底书的基本内容

技术交底书的基本要求包括3个方面：

（1）清楚描述现有技术及其缺点。

（2）清楚描述发明采用的技术方案。

（3）清楚描述发明技术方案的有益效果。

在满足前面3项基本要求的前提下，一般还需要进一步提供以下3个方面更详细的信息：

（1）较全面地提供相关实施例。

（2）提供产生有益效果的原因。

（3）提供附图并详细描述附图。

二、技术交底书的要点

一份好的技术交底书应当清楚、完整地记载发明创造的内容，如有必要，应该提供相应的图示。特别是对于涉及机械和单纯电路结构方面的发明创造，图示往往比单纯的文字描述更能清楚反映发明创造的要点。一份完整的技术交底书一般包括6个部分：

（1）发明或实用新型名称：清楚、简要、全面地反映要求保护的发明或者新型的主题和类型。

（2）所属技术领域：是指要求保护的技术方案所属或者直接应用的具体技术领域。

（3）背景技术及其缺陷：是指对发明创造的理解、检索、审查有用的

---

❶　杨铁军. 企业专利工作实务手册［M］. 北京：知识产权出版社，2013.

技术，可以引证反映这些背景技术的文件。背景技术是对最接近的现有技术的说明，它是作出发明技术方案的基础。此外，还要客观地指出背景技术中存在的问题和缺点，引证文献资料的，应写明其出处。

（4）发明的目的即所要解决的技术问题：是指要解决的现有技术中存在的技术问题，应当针对现有技术存在的缺陷或不足，用简明、准确的语言写明发明所要解决的技术问题，也可以进一步说明其技术效果。但是不得采用广告式宣传用语。

（5）发明内容和最佳实施方式：是对其要解决的技术问题所采取的技术措施的集合，应针对最佳实施方式进行详细描述。

（6）有益效果：是发明和现有技术相比所具有的优点及积极效果，它是由技术特征直接带来的或者由技术特征产生的必然技术效果。

资料卡片 3-1

表 3-2 为专利申请技术交底书范本，可依据需要进行内容的增减。

表 3-2 专利申请技术交底书范本

专利申请技术交底书			
技术联系人 （很重要）		姓　名	
		电　话	
		E-mail	
申请人 基本资料	申请人	名　称	
		地　址	
		邮　编	
		组织机构代码	
专利申请类型			
发明□ 能够同时保护产品和方法，授权时间通常为 2～3 年	实用新型□ 只能保护产品，不能保护方法，授权时间通常为 5～6 个月		发明和实用新型"一案两请"□ 一个技术方案同时申请发明和实用新型，实用新型先授权，尽早对技术进行保护
专利申请名称			
例如：一种设有过滤网的茶水杯			
背景技术			
简要说明本领域的技术现状。例如，现有茶杯没有过滤网，喝茶清洗都存在诸多不方便。			

本发明所要解决的技术问题（发明的目的）
针对现有技术方案的缺陷，说明本发明要解决的问题。
本发明完整的技术方案
详细说明本专利的技术特点。例如，（1）本申请提供的茶水杯结构是：包括底座、过滤网和过滤网托盖，过滤网托盖表面均匀设置有数个小孔。（2）使用时：直接将杯子内部的过滤网放置过滤网托盖上并将过滤网托盖套接于底座上。（3）本申请的优点在于：由于设置过滤网，可实现茶和水分离设置，并且由于组件采用分体结构，所以可以对茶水杯进行彻底清洗干净，更加卫生和实用。
本发明的技术效果
针对最接近的现有技术方案，结合本发明描述其可实现的有益效果。
附图及附图说明
附图是为了更直观地表述技术方案的内容，充分体现发明点之所在。

三、技术交底书的作用

技术交底书是专利挖掘工作形成的重要成果，是发明人将需要申请专利的发明创造清楚、完整地呈现给专利代理机构或企业专利管理部门的文件。

随着专利制度的逐步健全，企业的专利管理水平也在迅速提高，很多企业也建立了专利申请审批制度。在这样的企业里，在提交专利申请之前，都会进行内部评审，技术交底书也就成为企业内部评审程序的启动依据。

发明人以技术交底书的形式，记载其发明创造的原始内容，阐明发明或实用新型的发明背景、所要解决的技术问题、技术方案和区别于现有技术的有益效果以及必要的说明书附图和具体实施方式。通过技术交底书这个载体，向企业专利管理人员和专利代理人传递发明创造的内容，使他们能够理解发明创造的构思和所涵盖的范围，以撰写出符合《专利法》要求且经得起审查员审查的专利申请文件。一份高质量的技术交底书，可以提高专利申请文件的撰写质量，并有助于缩短后续的审查程序，研发人员与专利代理人的交流如图 3-6 所示。

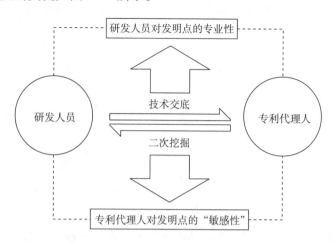

图 3-6　研发人员与专利代理人交流

本节要点

1. 技术交底书是企业技术人员与专利代理人或企业专利工程师之间的桥梁，是撰写专利申请文件的基础。

2. 技术交底书的基本内容包括 3 个方面：（1）清楚描述现有技术及其缺点；（2）清楚描述发明采用的技术方案；（3）清楚描述发明技术方案的有益效果。

3. 技术交底书是专利挖掘工作形成的重要成果，是发明人将需要申请专利的发明创造清楚、完整地呈现给专利代理机构或企业专利部门的文件。

第四节　专利代理管理

企业可以根据自身情况选择自己提交专利申请和办理其他专利事务，也可以委托专利代理机构负责专利申请和管理。专利申请是一项技术与法律密切结合的事务。对于中小企业而言，由于没有专门的业务部门进行专利管理，或者由于企业的技术涉及面较多，企业内部专利工程师难以应对。因此，企业选择适合的代理机构能够更好地利用现有资源。在专利代理管理中，关键要点在于如何选择适合企业自身的专利代理机构以及与专利代理人之间进行有效的业务沟通。

一、相关法律法规及管理机关对专利代理机构的规定

专利代理机构是由国家知识产权局批准设立，可以接受委托人的委托，在委托权限范围内以委托人的名义办理专利申请或其他专利事务的服务机构。目前我国已有专利代理机构逾千家。

《专利代理管理办法》中对专利代理机构及其办事机构的设立、变更、停业和撤销作了相应的规定，例如，专利代理机构的组织形式为合伙制专利代理机构或者有限责任制专利代理机构，合伙制专利代理机构应当由3名以上合伙人共同出资发起，有限责任制专利代理机构应当由5名以上股东共同出资发起等，即专利代理机构的设立需要经过国家知识产权局批准，选择正规的专利代理机构将使服务质量和企业利益更有保障。

二、专利代理的选择原则

如何选择专利代理机构，这是很多企业或者个人在需要专利申请代理服务时非常头痛的问题，能否选择一个优秀的专利代理机构在专利的申请过程中至关重要。在选择专利代理机构时，须注意以下几点。

（一）考察专利代理机构是否具有相关的代理资质

专利代理机构主要业务是代理专利申请，同时也担任专利技术交易工作，充当专利技术交易"门市部"的角色，有不少专利代理机构还开展专利维权服务。专利代理机构需要有专门针对专利业务的代理资质，专利代理机构的专利代理资质对专利的整个申请影响极大，如果在开始代理时选择了不具备专利代理资质的事务所、代理公司或网络平台（俗称"专利黑代理"），则会造成很多专利纠纷的难题以及其他法律问题。需要注意的是，一般律师事务所和商标代理公司如果想要代理专利业务，也需要首先获得专利代理的资质。专利代理机构的专利代理资质等可在国家知识产权局、中华全国专利代理人协会或各级知识产权局、专利代理协会等官方网站上进行查询。

资料卡片 3-2

在中华全国专利代理人协会网站上的代理机构查询下输入专利代理机构名称，如中国国际贸易促进委员会专利商标事务所的字号"贸促会"或者国家知识产权局颁发给的机构代码"11038"，即能够查询到该专利代理机构的相关信息，从而表明该专利代理机构具有国家知识产权局颁发的专

利代理资质。

（二）考察专利代理机构的相关专业领域和专业水平

因为申请专利的专业性非常强，比如欲请某代理公司代理的是通信领域的专利申请时，则应优先考察该专利代理机构是否有相关的专利申请文件撰写的经验或者了解相关行业的人才，考察该专利代理机构以前代理过的客户，以及专利代理后的结果数据分析，如通过率、驳回率以及服务态度等。另外，还需要考察专利代理机构的专利代理人的各项技术指标，比如专利挖掘能力、撰写的实践经验、科技研发经历、专业知识、法律意识以及外语水平等。

（三）专利代理人

一位优秀的专利代理人应该具备良好的职业素养，能够更好地限定申请人权利要求的保护范围，并为申请人争取最大化利益。具体来说，一位专利代理人至少应具备下述几点要求。

1. 一项以上的理工专业技术背景

"理工专业"包括有：信息与通信、电机、电子、光电、微电子、材料、化工、机械、软件、光学、生物、制药等。

2. 足够的实务工作经验并了解发明技术

（1）对发明技术及相关背景的理解能力。

（2）与发明人的沟通能力。

（3）逻辑和语言能力。

（4）在相关领域的素养和实践能力。

（5）学习能力。

因此，企业在选择专利代理机构的时候，需要关注专利代理机构的主要客户群、主要业务，专利代理案件的结果数据分析，如通过率、驳回率以及服务质量等。

如果能够选择一个好的专利代理机构以及一名优秀的专利代理人，专利申请则相当于成功了一半。因此企业在选择专利代理机构时，要多方面考虑，不能把价格作为选择的唯一指标，而要考虑整体性价比。选择适合本企业技术研发的专利代理机构及专利代理人，为企业谋取专利利益最大化，做好对专利的挖掘及申请。对企业的核心技术进行保护，并适当扩展外围技术。在专利申请的过程中，合理布局权利要求，既能获得授权的专利，又能为后期的专利无效及专利侵权诉讼做准备。

三、委托代理手续的办理

申请人在委托专利代理机构进行专利申请及办理其他专利事务时，需要向国家知识产权局提交申请人出具的专利代理委托书，否则专利代理委托视为未提出。

《专利法实施细则》第十五条第三款规定：申请人委托专利代理机构向国务院专利行政部门申请专利和办理其他专利事务的，应当同时提交委托书，写明委托权限。

委托书应当使用国家知识产权局制定的标准表格，写明委托权限、发明创造名称、专利代理机构名称及代码、专利代理人姓名，并应当与请求书中填写的内容相一致。专利申请已经提交后，在审查过程中提出委托代理机构，还应填明专利申请号。

除了委托书外，为了更清楚界定委托人与专利代理机构的权利义务关系，一般委托人还会与专利代理机构另行签订专利代理委托合同。

四、对委托专利代理机构的相关规定

《专利法》第十九条第一款规定："在中国没有经常居所或者营业所的外国人、外国企业或者外国其他组织在中国申请专利和办理其他专利事务的，应当委托依法设立的专利代理机构办理。"在审查中发现上述申请人申请专利和办理其他专利事务未委托专利代理机构的，将通知申请人补正，以委托专利代理机构办理后续的专利事务。申请人在规定期限之内不补正的，依照《专利法实施细则》第四十四条规定，以不符合《专利法》第十九条第一款规定为理由，驳回该专利申请。

中国内地的单位或个人可以委托专利代理机构在国内申请专利和办理其他专利事务。

委托的双方当事人是申请人和专利代理机构。申请人为两个以上时，委托的双方当事人是全体申请人和共同的一家专利代理机构。专利代理机构接受委托后，应当指定该专利代理机构的专利代理人办理有关事务，被指定的专利代理人不得超过两名。

中国内地的单位或个人委托不符合规定的，国家知识产权局将通知专利代理机构在指定期限内补正，期满未补正的，视为未委托专利代理机构。

五、撤销委托和辞去被委托

申请人委托专利代理机构后，可以撤销委托；专利代理机构接受申请

人委托后，可以辞去被委托。撤销委托或者辞去被委托应当事先通知对方当事人，并向国家知识产权局办理著录项目变更申报手续，办理著录项目变更申报手续时应当附具解聘书或者辞去被委托声明。

变更手续生效之前，该专利代理机构为申请人办理的事务继续有效。变更手续合法的，国家知识产权局将发出手续合格通知书，通知双方当事人。

本节要点

1. 企业在办理专利事务时，可以根据自身情况选择自己提交专利申请和办理其他专利事务，或者选择委托专利代理机构负责专利申报和管理。

2. 在专利代理管理中，关键要点在于如何选择适合企业自身的专利代理机构以及与专利代理人之间进行有效的技术沟通。

3. 申请人在委托专利代理机构进行专利申请及其他专利事务时，需要向国家知识产权局提交申请人出具的专利代理委托书，否则该专利代理委托视为未提出。

第五节　专利申请与审批过程中的管理

企业在办理专利申请时应当向国家知识产权局提交必要的专利申请文件，并按规定缴纳费用。国家知识产权局对申请人的专利申请进行审查，并作出授予专利权或者驳回专利申请的审查决定。

我国《专利法》第二条将发明创造划分为发明、实用新型和外观设计3种类型。因此申请人可以就发明创造选择不同的类型申请专利保护。

一、发明和实用新型的区别

发明和实用新型无论在保护客体还是在审查、审批、费用、保护强度以及保护期限方面均有所不同。

（一）保护客体上的区别

发明：分为产品发明和方法发明。

（1）产品发明是指保护对象是以一定形态存在的物品或物质的发明，例如，以结构形式存在的发明，如一种水杯，或是没有固定形状的材料或物质的发明，如一种油漆。

（2）方法发明是指以程序或过程形式存在、包括活动和步骤的发明，例如，一种水杯的生产方法。

实用新型：只对具有一定形状、构造且占据一定空间的产品进行保护，其保护对象不能是一种方法，也不能是没有固定形状的材料或物质。

因此，在申请专利时，能够申请实用新型专利的技术可以申请发明专利，而发明专利中只有产品发明专利才能够申请实用新型专利，例如，一种水杯可以申请发明专利或者实用新型专利，而一种水杯的生产方法或一种油漆只能申请发明专利。

通常，同样的发明创造只能授予一项专利权。但是，同一申请人同日对同样的发明创造既申请实用新型专利又申请发明专利，先获得的实用新型专利权尚未终止，且申请人声明放弃该实用新型专利权的，可以授予发明专利权。需要强调的是，在申请专利时申请人必须声明同时申请了发明和实用新型，之后才有选择放弃该实用新型选择发明的权利。

借由这项制度，对于既可以申请发明专利，又可以申请实用新型专利的技术方案，申请人可以在同一日就该技术方案提出两种专利申请，即我们俗称的"一案两请"。

（二）其他方面的区别（见表3-3）

表3-3 发明和实用新型在审批等方面的区别

比较项目	发明	实用新型
审查制度	实质审查制	初步审查制
审批流程	较长	较短
费用	较高	较低
保护强度	强	弱
保护期限	20年	10年

因此，在确定专利申请类型时，根据企业需要以及技术主题的不同，确定申请的专利类型，对企业的技术进行全面的保护。

需要说明的是，目前很多地方政府对于发明专利会有一些鼓励措施，可以到当地知识产权局了解相关情况。

二、实用新型和外观设计的区别

外观设计是指产品的外形特征，它可以是产品的立体造型，也可以是产品的表面图案或者是两者的结合，但不能是脱离具体产品的图案和图形设计。所以，外观设计专利应当符合以下要求：

（1）是形状、图案、色彩或者其结合的设计。

（2）必须是对产品的外表所作的设计。

（3）必须富有美感。

（4）必须是适于工业上的应用。

例如，一种杯子能够申请外观设计专利，但是一座假山则不能够申请外观设计专利。

外观设计专利与实用新型专利的本质区别在于：外观设计专利只保护美学设计，对产品功能不进行保护，而实用新型专利保护的是包括产品的结构和功能在内的技术方案，对产品的外观不进行保护。即相当于实用新型专利保护产品的内部或外部结构，外观设计专利保护的则是产品的外观。

案例链接 3 – 10

杯子的结构和外观都有改进，可以申请实用新型专利也可以同时申请外观设计专利（见图 3 – 7）。

图 3 – 7　杯子

一种磁化杯，包括杯体，在所述杯体的夹层内装有可对杯体中的水进行磁化的磁性材料，杯体内还装有保温内胆。改进在杯体的夹层、磁性材料和保温内胆，不涉及外观，可以申请实用新型或发明专利（见图 3 – 8）。

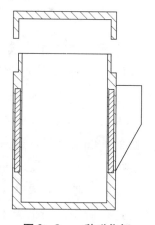

图 3 – 8　一种磁化杯

三、三种专利的主要申请文件及其作用

发明和实用新型专利申请的文件主要包括权利要求书、说明书、说明书摘要、摘要附图以及说明书附图。根据《专利法》规定，发明或者实用新型专利权的保护范围以其权利要求的内容为准，说明书和附图可以用于解释权利要求的内容。外观设计专利的申请文件主要包括外观设计图片或照片以及简要说明。

专利申请文件的作用主要体现在以下几个方面：向全社会公开发明创造的内容，阐明申请人要求保护的发明创造技术方案的范围，国家知识产权局对申请人的发明创造进行审查时的原始依据，作为是否侵权的依据。

专利申请文件属于一种法律文件。作为法律文件，专利申请文件不仅形式上有严格的法律限制，其内容也必须符合法律的要求。专利申请文件既是启动专利申请程序的必要条件，也是专利审查的基础和依据，企业能否获得专利权以及获得专利权的保护范围都是专利申请文件（或授权文件）的范围为依据的。对于企业的专利管理而言，控制好专利申请文件的质量是企业专利发展战略成果的首要环节，高质量的专利申请文件能够真正地保护好企业的知识产权，而质量差的专利申请文件不仅不能使自身的技术方案得到保护，还有可能使企业的专利战略发展陷入困境，进而导致企业在其他发展环节处于被动。

四、专利申请的时机

专利申请的时机确定主要考虑以下几个方面。

（一）竞争对手的情况

如果竞争对手目前还无力研究出同样的成果，那么不必急于申请，待竞争对手准备研制但尚未研制出来时再申请专利。特别是对于高新技术产品而言，首先考虑的不是申请专利，而是采取严格的保密措施。对自己具有优势、竞争对手在短期内难以作出同样的发明创造的，可以推迟一点时间再申请专利。例如，可以等到竞争对手快要追上时再申请专利。这样做的好处是避免了技术被过早地公开而给竞争对手以可乘之机，同时也延长了技术的保护期限。但是，如果本企业的技术创新成果同时有多家企业或者其他主体在进行研制，那么应抢先申请专利，特别是当竞争对手多，而市场需求又很强或者技术容易被模仿时，企业应毫不犹

豫地尽快申请专利。

（二）技术构思及技术方案完善性

专利先申请原则对专利的及时申请提出了要求，但是，申请专利的时间也并不是说越早越好，过早申请也会存在一些缺陷。例如，在企业技术创新成果尚未成熟时过早申请专利，由于不具备授予专利权的条件而会影响专利权的获得；过早申请由于申请文件准备匆忙，可能影响专利申请的成功率；过早申请等于是向竞争对手过早地暴露了自己的技术秘密，有可能使其在短时期内赶上甚至超过自己，使自己的专利申请尚未授权就被淘汰。此外，过早申请也等于未来专利权的过早结束，因为包括我国在内的许多国家在对专利权的期限计算上都是以申请日为起算日的。

（三）应用研究和周边研究的成熟度

原则上，为防止其他企业或其他竞争对手以基本发明为基础展开外围研究，或者抢先申请应用发明专利覆盖自己的基本发明，企业一般应等到在基本发明的应用研究或周边研究大体成熟后再申请基本发明专利。要考虑本企业基本发明与外围研究开发成果专利申请的协调，防止单纯申请基本专利公开技术方案后让竞争对手多头开发外围专利技术，反过来限制自己。企业也应对围绕基本专利的周边技术或者对基本专利所作的改进及时申请外围专利，在基本专利外围再形成一层"技术壁垒"，使竞争对手无法攻破。否则，一旦被竞争对手所利用，申请基本发明专利的企业仍将处于被动地位。

五、专利申请费用的缴纳规定

（一）申请费

专利申请费的缴纳期限是自申请日起算 2 个月内。与申请费同时缴纳的费用还包括发明专利申请公布印刷费、申请附加费，要求优先权的，应同时缴纳优先权要求费。未在规定的期限内缴纳或缴足的，专利申请将视为撤回。

说明书（包括附图）页数超过 30 页或者权利要求超过 10 项时，需要缴纳申请附加费，金额以超出页数或者项数计算。

优先权要求费的费用金额以要求优先权的项数计算。未在规定的期限内缴纳或缴足的，视为未要求优先权。

资料卡片 3-3

表 3-4　申请阶段缴纳的费用　　　　　　　　　　单位：元

费用	发明	实用新型	外观设计
申请费	900	500	500
文件印刷费	50	—	—
说明书附加费从第31页起每页 从第301页起每页	50 100	50 100	50 100
权利要求附加费从第11项起每项	150	150	150
优先权要求费每项	80	80	80

（二）发明专利申请实质审查费

申请人要求实质审查的，应提交实质审查请求书，并缴纳实质审查费。实质审查费的缴纳期限是自申请日（有优先权要求的，自最早的优先权日）起3年内。未在规定的期限内缴纳或缴足的，专利申请视为撤回。

资料卡片 3-4

表 3-5　实质审查费　　　　　　　　　　单位：元

费用	发明
审查费	2500

（三）复审费

申请人对国家知识产权局的驳回决定不服提出复审的，应提交复审请求书，并缴纳复审费。复审费的缴纳期限是自申请人收到国家知识产权局作出驳回申请决定之日起3个月内。未在规定的期限内缴纳或缴足的，复审请求视为未提出。

资料卡片 3-5

表 3-6　复审费　　　　　　　　　　单位：元

费用	发明	实用新型	外观设计
复审费	1000	300	300

（四）恢复权利请求费

申请人或专利权人请求恢复权利的，应提交恢复权利请求书，并缴纳费用。该项费用的缴纳期限是自当事人收到国家知识产权局发出的终止通知书之日起 2 个月内。未在规定的期限内缴纳或缴足的，其权利将不予恢复。

资料卡片 3 – 6

表 3 – 7　恢复权利请求费　　　　　　　　单位：元

费用	发明	实用新型	外观设计
恢复费	1000	1000	1000

（五）延长期限请求费

申请人对国家知识产权局指定的期限请求延长的，应在原期限届满日之前提交延长期限请求书，并缴纳费用。对一种指定期限，限延长两次。未在规定的期限内缴纳或缴足的，将不同意延长。

资料卡片 3 – 7

表 3 – 8　延长期限请求费　　　　　　　　单位：元

费用	第一次延长期每月	再次延长期每月
延长期限请求费	300	2000

（六）著录事项变更手续费及其他费用

著录事项变更手续费、专利权评价报告请求费、中止程序请求费、无效宣告请求费、强制许可请求费、强制许可使用费的裁决请求费的缴纳期限是自提出相应请求之日起 1 个月内。未在规定的期限内缴纳或缴足的，上述请求视为未提出。

资料卡片 3 – 8

表 3 – 9　著录项目变更手续费及其他费用　　　　　　　　单位：元

费用	发明	实用新型	外观设计
著录事项变更手续费： 　发明人、申请人、专利权人变更 　专利代理机构、代理人委托关系变更	 200 50	 200 50	 200 50
专利权评价报告请求费		2400	2400
中止程序请求费	600	600	600
无效宣告请求费	3000	1500	1500
强制许可请求费	300	200	—
强制许可使用裁决请求费	300	300	

六、有关专利费用减缴的规定

在 2016 年 9 月 1 日之前，专利申请人或者专利权人在缴纳有关专利费用确有困难时，依据 2006 年 10 月 13 日起施行的《专利费用减缓办法》❶，可以请求减缓缴纳有关专利费用。根据《关于废止第 39 号令发布的〈专利费用减缓办法〉的令》（国家知识产权局令第 72 号）的规定，自 2016 年 9 月 1 日起《专利费用减缓办法》废止。专利申请人或者专利权人应当根据《专利收费减缴办法》❷ 请求减缴下列专利收费：

（1）申请费（不包括公布印刷费、申请附加费）。

（2）发明专利申请实质审查费。

（3）年费（自授予专利权当年起 6 年内的年费）。

（4）复审费。

向国家知识产权局请求减缴上述收费的专利申请人或者专利权人应符合下列条件之一：（1）上年度月均收入低于 3500 元的个人；（2）上年度企业应纳税所得额低于 30 万元的企业；（3）事业单位、社会团体、非营业性科研机构。两个或者两个以上的个人或者单位为共同专利申请人或者共有专利权人的，应当分别符合前款规定。

针对专利申请人或者专利权人为个人或者单位的情况，可以请求减缴该办法第二条规定收费的 85%。针对两个或者两个以上的个人或者单位为共同专利申请人或者共有专利权人的情况，可以请求减缴该办法第二条规定收费的 70%。

专利申请人或者专利权人请求专利收费减缴的，应当提交费用减缴请求书及相关证明材料，并在专利费减备案系统办理费减资格备案。个人请求减缴专利收费的，应当在费用减缴请求书中如实填写个人上年度收入情况，同时提交所在单位出具的年度收入证明；无固定工作的，提交户籍所在地或者经常居住地县级民政部门或者乡镇人民政府（街道办事处）出具的关于其经济困难情况证明。企业请求减缴专利收费的，应当在费用减缴请求书中如实填写经济困难情况，同时提交上年度企业所得税年度纳税申报表复印件。在汇算清缴期内，企业提交上年度企业所得税年度纳税申报

---

❶《专利费用减缓办法》（国家知识产权局令第 39 号）。

❷《财政部、国家发展改革委关于印发〈专利收费减缴办法〉的通知》（财税 [2016] 78 号）。

表复印件。事业单位、社会团体、非营利性科研机构请求减缴专利收费的，应当提交法人证明材料复印件。专利申请人或者专利权人通过专利事务服务系统提交专利费用减缴请求并经审核批准备案的，在一个自然年度内再次请求减缴专利收费，仅需提交费用减缴请求书，无须再提交相关证明材料。

专利申请人或者专利权人在专利费用减缴请求时提供虚假情况或者虚假证明材料的，国家知识产权局应当在查实后撤销减缴专利收费决定，通知专利申请人或者专利权人在指定期限内补缴已经减缴的收费，并取消其自本年度起 5 年内收费减缴资格，期满未补缴或者补缴额不足的，按缴费不足依法作出相应处理。

为加强对专利收费减缴（以下简称"专利费减"）业务的管理，简化业务办理流程，国家知识产权局开发了专利费减备案系统，调整专利费减相关业务办理方式，有关事项于 2016 年 8 月 10 日在国家知识产权局公告❶中作了具体规定。

七、审批流程中的管理

以一项最终授权的发明专利申请为例，在递交专利申请文件后到授权一般会收到的通知书有：专利申请受理通知书、初审合格通知书、发明专利申请公布通知书、进入实质审查阶段通知书、审查意见通知书（有少数直接授权的除外）、授权及办理登记手续通知书、专利证书。在专利审查过程中也可能会收到补正通知书、视为撤回通知书、驳回决定、视为放弃取得专利权通知书、缴费通知书、专利权终止通知书。若变更专利代理机构、发明人、专利申请人等，则需要办理著录项目变更事宜，在办理过程中，可能会收到视为未提出通知书或手续合格通知书（见图 3 - 9）。

在收到这些通知书的时候需要按照期限的要求克服通知书所指出的问题。如果没有及时处理则有可能产生一些不必要的手续以及费用，如恢复权利请求及恢复权利请求费。

---

❶ 《关于调整专利费减相关业务办理方式的公告》（国家知识产权局公告第229号，2016 年 8 月 10 日公布）。

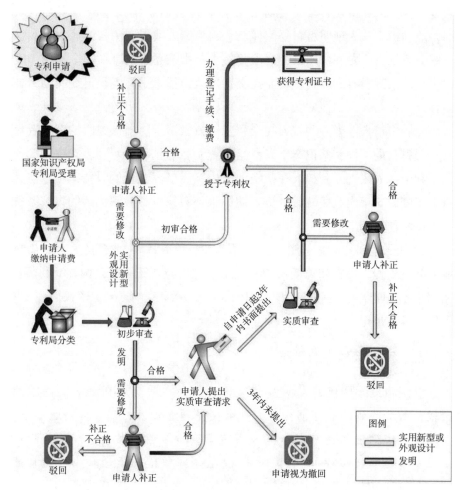

图 3 – 9　申请和审查程序❶

八、专利号的意义

专利申请人获得专利权后，国家知识产权局颁发的专利证书上专利号为：ZL（专利拼音的首字母）＋申请号。若一个专利申请在审查过程中，但是却在申请号前加上 ZL 字母（使消费者误以为是授权专利），属于假冒专利行为，专利管理部门会依法予以查处。

中国的专利号由 ZL 加申请号组成，分为 5 段。其中，第一段字母 ZL 表示授权；第二段：表示提出专利申请的年份，2004 年以前的年份为 2 位

❶ 专利审批程序［EB/OL］．（2013 – 10 – 25）．http://www.sipo.gov.cn/zlsqzn/sqq/zlspcx/201310/t20131025_862577.html.

数字，2004 年之后的年份为 4 位数字；第三段："1"表示专利申请的种类为发明，"2"表示专利申请的种类为实用新型，"3"表示外观设计，"8"为 PCT 发明专利申请，"9"为 PCT 实用新型专利申请，其中 PCT 发明专利申请和 PCT 实用新型专利申请是指以 PCT 方式进入中国国家阶段的国际申请，参见本章第二节的相关内容；第四段表示专利申请当年的受理流水号，其中，2004 年以前是第四位至第八位为流水号，2004 年以后第六位至第十二位为流水号；第五段位于小数点后面，为计算机校验码，用 1~9 和 X 表示。

根据专利号可以识别专利的真伪并识别专利的种类、申请的年份。如果专利仍处于有效状态，从申请的年份可以获知维持专利权有效的时间长短，从而可以估计其价值含量。

案例链接 3 - 11

以专利号 ZL95115608. X（ZL - 95 - 1 - 15608 - X）和专利号 ZL200820133157. 1（ZL - 2008 - 2 - 0133157 - 1）为例解释每一段的含义：

第一段："ZL"表示该案为授权的案件。

第二段："95"表示提出专利申请的年份为 1995 年，"2008"表示提出申请的年份为 2008 年。

第三段："1"表示专利申请的种类为发明，"2"表示专利申请的种类为实用新型。

第四段："15608"表示为当年中国专利局受理的第 15608 件发明专利申请，"0133157"表示为当年中国国家知识产权局受理的第 133157 件实用新型专利申请。

第五段：位于小数点后面的"X"和"1"等表示基于前面各段的数字计算出的计算机校验码。

九、发明人和发明的权利归属

发明人，是指对发明的实质性特点作出创造性贡献的人。在完成发明过程中，只负责组织或者管理工作的人、为物质技术条件的利用提供方便的人或者从事其他辅助工作的人，不是发明人。

职务发明是指企业、事业单位、社会团体、国家机关的工作人员执行本单位的任务或者主要是利用本单位的物质条件所完成的职务发明创造。需要说明的是 2015 年 4 月公开的《专利法修改草案（征求意见稿）》中仅规定"执行本单位任务所完成的发明创造"为职务发明创造，不再规定

"主要利用本单位物质技术条件所完成的发明创造"为职务发明创造；明确了"利用单位物质技术条件所完成的发明创造"的权属划分，规定双方对其权利归属有约定的，从其约定；没有约定的，申请专利的权利属于发明人或者设计人。

下列发明属于职务发明：

（1）在本职工作中完成的发明。

（2）履行单位在本职工作之外分配的任务所完成的发明。

（3）退休、调离原单位后或者劳动、人事关系终止后1年内完成的，与其在原单位承担的本职工作或者原单位分配的任务有关的发明，但是国家对植物新品种另有规定的，适用其规定。

（4）主要利用本单位的资金、设备、零部件、原材料、繁殖材料或者不对外公开的技术资料等物质技术条件完成的发明，但是约定返还资金或者支付使用费，或者仅在完成后利用单位的物质技术条件验证或者测试的除外。

对于职务发明，单位享有申请知识产权、作为技术秘密保护或者公开的权利，发明人享有署名权和获得奖励、报酬的权利。

对于非职务发明，发明人享有申请知识产权、作为技术秘密保护或者公开的权利，也享有署名权。

本节要点

1. 发明专利和实用新型专利无论在保护客体还是在审查、审批、费用、保护强度以及保护期限方面均有所不同。发明专利不仅保护产品而且保护方法，实用新型专利只限于保护具有形状或者结构的产品。发明专利审批流程较长保护强度也大，实用新型专利由于实行初步审查制度审批流程较短保护强度相对而言也弱些。

2. 实用新型专利保护产品的内部或外部结构，外观设计专利保护的则是整体产品的外观，只保护美学设计对产品功能不进行保护。

3. 发明专利和实用新型专利的申请文件主要包括权利要求书、说明书、说明书摘要、摘要附图以及说明书附图。外观设计专利的申请文件主要包括外观设计图片或照片以及简要说明。

4. 专利申请文件的作用主要体现在以下几个方面：向全社会公开发明创造的内容，阐明申请人要求保护的发明创造技术方案的范围，国家知识产权局对申请人的发明创造进行审查时的原始依据，作为是否侵权的依据。

5. 专利申请的时机确定主要考虑以下几个方面：第一，竞争对手情况；第二，技术构思及技术方案完整性；第三，应用研究和周边研究的成熟度。

6. 中国的专利号由 ZL 加 9 或 11 位数字（或字母 X）的申请号组成，基本分为 5 段。其中，第一段字母 ZL 表示授权；第二段：表示提出专利申请的年份，2004 年以前的年份为 2 位数字，2004 年之后的年份为 4 位数字；第三段："1"表示专利申请的种类为发明，"2"表示专利申请的种类为实用新型，"3"表示外观设计，"8"为 PCT 发明专利申请，"9"为 PCT 实用新型专利申请；第四段表示专利申请当年的受理流水号，其中，2004 年以前是第四位至第八位为流水号，2004 年以后第六位至第十二位为流水号；第五段位于小数点后面，为计算机校验码，用 1~9 和 X 表示。

7. 发明人是指对发明的实质性特点作出创造性贡献的自然人。发明人享有署名权和获得奖励、报酬的权利。

第六节　综合案例

为了进一步帮助读者理解本章内容，给读者一个直观感受，以下提供一个综合案例。

案例链接 3 – 12

某大型汽配厂主要生产汽车后轴安全配件，其于 2014 年 2 月开始进行技术革新，经过半年的研究，研究出一款新型的汽车空气悬架用 C 型梁，如图 3 – 10 所示，其技术改进点包括：（1）C 型梁采用的新型材料不仅有效提高强度还降低成本；（2）C 型梁为一体制造成型生产工艺，极大提高安全配件的强度，有利于实现全流程自动化生产；（3）C 型梁的整体结构中几处细节改进。

图 3 – 10　C 型梁

　　思考1：发明人的新型C型梁技术需要用技术秘密保护还是利用专利申请进行保护？如果利用专利申请进行保护，如何选择专利的类型？

　　该企业了解到就该项技术已经有其他两家公司进行了专利申请，其中一份专利申请文件的结构及附图如下所述：

　　该实用新型的申请日为2013年4月22日，该专利涉及一种车梁，该车梁为一根中空钢管，中空钢管的中部保持水平，两个端部上翘；两个端部与所述中部之间形成的夹角相等。该实用新型实施例提供的车梁为一个中空钢管，在安装的过程中，将中空钢管的两端安装在汽车的车轴上，并间接与车轮连接，其中部可对汽车的其他配件装置（如车厢）起到支撑的作用。其结构附图如图3-11所示。

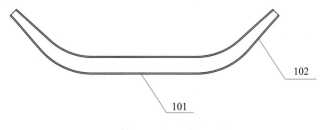

图3-11　车梁结构

　　另一份专利申请文件公开了一种用于空气悬架的悬梁，该实用新型的申请日为2007年5月18日，包括中轴部分和两侧的过渡部分，中轴部分的截面是等截面，过渡部分的截面是变截面。其结构附图如图3-12所示。

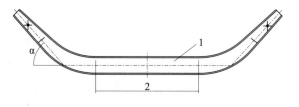

图3-12　悬梁结构

　　由此可见，作为汽车后轴安全配件的C型梁技术已经在2014年2月之前就已经存在，而且该改进技术由于要使用在每一辆客车上，所以不能满足作为技术秘密的"不为公众所知悉"这一重要特点，必然会公开或者由于其公开使用本领域技术人员可以获知其改进技术要点，因此需要选择利用专利申请进行保护，防止其他公司利用逆向工程恶意仿造，在企业新产品准备好生产和投入到市场时同步进行专利申请，才能对该技术进行保护，当市场上出现侵权时，能够利用法律武器维护企业的利益。

思考2：由于企业是一家拥有100人的制造企业，没有专门的知识产权人员，企业领导选择一家机械领域代理能力强的事务所，委托该事务所进行专利代理，并指派企业一位懂技术有经验的技术人员与事务所直接沟通，并提供技术交底书。技术交底书如表3-10所示。

表 3-10　企业提供的技术交底书

	技术联系人 （很重要）	姓　名	
		电　话	
		E-mail	
申请人 基本资料	申请人	名　称	
		地　址	
		邮　编	
		组织机构代码	
专利申请类型			
发明⊠	实用新型□		发明和实用新型"一案两请"□
专利申请名称			
一种汽车用 C 型梁			
背景技术			
汽车底盘通常由传动系、行驶系、转向系和制动系四部分组成。底盘作用是支承、安装汽车发动机及其各部件、总成，形成汽车的整体造型，并接受发动机的动力，使汽车产生运动，保证正常行驶；具体的，汽车的车梁在汽车底盘中起到重要的支撑作用，汽车的车梁安装在汽车底梁上，并通过减震系统间接与车轴两端的轮胎连接，其用于支撑整个车厢之外，还可以吸收当汽车发生碰撞或者交通事故之外能量，进而保证车辆所载人员的安全。 另外提供上述 2 份对比文件作为背景技术。			
本发明所要解决的技术问题（发明的目的）			
现有的 C 型梁采用分体加工存在接缝和连接处，在汽车高速行驶时，易发生 C 形梁折断的安全隐患。			

续表

本发明完整的技术方案
C 型梁的加工方法依次包括以下步骤： 步骤①：……； 步骤②：……； 步骤③：……。 C 形梁本体呈沿垂直对称轴左右对称的 C 形结构，所述 C 形梁本体包括一个中间部以及中间部两端的两个过渡部和两个端部，所述端部包括第一端部和第二端部，所述中间部具有水平的上表面和水平的下表面，所述端部具有与所述中间部的上表面同侧的第一表面和与所述中间部的下表面同侧的第二表面，并具有朝向末端方向逐渐缩小的截面，所述过渡部将所述中间部和所述端部连接在一起，所述过渡部沿长度方向呈弧形。
本发明的技术效果
本发明所述的加工方法借助于模具实现了对一体成型 C 形梁的精密制造，在汽车高速行驶时，不易发生 C 形梁折断，保证了车辆的运行安全，进而保证车辆所载人员的安全。
附图及附图说明
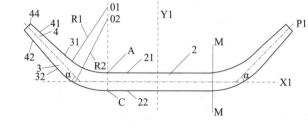

思考 3：结合初步检索的情况，发明人的新型 C 型梁技术如何进行专利挖掘和布局，哪些技术能够申请发明专利、实用新型专利或外观设计专利？专利费用初步预算如何？

专利代理人在与技术人员充分沟通的基础上，为该企业提出了专利申请建议，并对专利申请的费用进行了初步预算，具体如下所述：

该 C 型梁的加工方法及所用的新型材料能够申请发明专利，不能申请实用新型专利和外观设计专利。该 C 型梁的内部结构或外部结构能够申请发明专利或实用新型专利。该 C 型梁的新型外部 C 型设计能够申请外观设计，从而对该 C 型梁的整体形状设计进行保护。

专利申请费用预算见表 3－11。

表 3-11 专利申请费用预算

专利申请类型	数量	官费/（元/个）（85% 费减后）	代理费/（元/个）（行业平均水平）	总计
发明	2	560	7000	
实用新型	4	75	3500	37720 元
外观设计	4	75	2000	

思考 4：专利授权后的文档管理、专利费用监控如何用一张实用表格进行管理？

表 3-12 文档管理、专利费用监控

序号	申请类型	申请名称	申请日期	专利状态	年费缴纳日期
1	发明	一种 C 型梁加工工艺	2015-05-08	初审阶段	
2	实用新型	一种 C 型梁	2014-12-22	有权	授权后每年12 月 21 日之前
3	外观设计	一种 C 型梁	2014-12-13	有权	授权后每年12 月 12 日之前

思 考 题

1. 什么是技术秘密？技术秘密的特点有哪些？

2. 专利的特点有哪些？专利与技术秘密保护的区别是什么？

3. 如何判断一项技术成果是否可以申请专利，主要考虑的内容有哪些？

4. 企业为什么要对技术成果进行专利挖掘？

5. 技术交底书最基本要求包括哪几个方面？

6. 选择专利代理的原则有哪些？专利代理委托书的作用是什么？

7. 不授予专利权通常包括哪些情形？

8. 发明专利申请和实用新型专利申请的主要区别在于？

9. 外观设计专利申请与实用新型专利申请的本质区别在于？

10. 专利申请的时机确定主要考虑哪些方面？

11. 发明和实用新型专利的申请文件主要包括哪5个方面？

12. 外观设计专利的申请文件包括什么？

13. 专利申请文件的作用主要体现在哪4个方面？

14. 哪些专利收费可以请求减缴？

15. 请以发明专利申请为例，例举在递交申请文件后会收到的通知书名称。

16. 中国专利号所包括的5段的具体含义是什么？

第四章　专利权维持与运用

学习目标

主要了解专利权人的权利和义务、有关专利年费的规定、专利权维持和运用的基本特点和方法，初步了解专利无效宣告制度。基本掌握结合法律规定和企业经营需要，进行专利权实施许可、专利权转让、专利权质押融资等方式的规定和做法，对企业的专利权进行有效管理和运用。

在专利申请的过程中，申请人以书面形式向国家知识产权局提出申请，国家知识产权局在审查时按照《专利法》的规定，对符合《专利法》相关规定的专利申请授予专利权，并将专利文本向社会公布，供公众查阅。专利权通过公开专利内容获取一定时间的垄断，在专利权的有效期限过后，专利权人即失去了对该专利技术的独占权利，任何人都可以实施其专利文件中记载的技术内容。

因此，一方面，专利权人在获得专利权后，应按期缴纳专利年费以维持专利权处于有效状态，企业就需要及时对有关专利文件建档管理并对年费缴纳进行监控；另一方面，专利权人不仅可以通过自己实施专利带来收益，也可以许可他人实施专利，或者进行专利权转让等方式，为企业带来专利许可费或转让费的收入。专利权人还可通过专利权质押融资为企业贷款。专利权的维持是进行专利权运用的前提，专利权必须运用才能最大限度体现专利权的价值。

第一节　专利权人的权利与义务

专利权人，简单来说就是拥有专利权的主体。专利申请被批准时，被授予专利权的专利申请人即成为专利权人。专利权人既可以是单位也可以是个人，专利权人可以是一个单位也可以是多个单位，可以是一个个人也可以是多个个人，还可以是单位和个人共同成为专利权人。因此，专利权人是专利权所有者的统称。在获得专利权后，专利权人即享有对该专利权处置的权利，以及承担缴纳专利年费的义务。

一、专利权人的权利

（一）独占实施权

独占实施权，是指专利权人排他性地利用和最终处分其所属专利权的权利，任何单位或者个人未经专利权人许可，都不得实施其专利。如果是发明和实用新型专利，则任何单位或者个人不得为生产经营目的制造、使用、许诺销售、销售、进口其专利产品，或者使用其专利方法以及使用、许诺销售、销售、进口依照该专利方法直接获得的产品；如果是外观设计专利，任何单位或者个人未经专利权人许可，都不得实施其专利，即不得为生产经营目的制造、许诺销售、销售、进口其外观设计专利产品。❶

独占实施权相当于跑马圈地，圈的"土地"即此专利权的保护范围，在这个地界之内，未经专利权人的许可，其他人是不得入内的。

（二）转让权

转让权，是指专利权人将专利所有权转让给他人，由他人支付价款的权利或专利申请人将专利申请权转让给他人，由他人支付价款的权利。中国单位或者个人向外国人、外国企业或者外国其他组织转让专利申请权或者专利权的，应当依照有关法律、行政法规的规定办理手续。

（三）专利许可权

专利许可权，是指专利权人许可他人实施其专利，由他人支付专利使用费的权利。任何单位或者个人实施他人专利的，应当与专利权人订立实施许可合同，向专利权人支付专利使用费。被许可人无权允许合同规定以外的任何单位或者个人实施该专利。

（四）专利标识标注权

专利标识标注权是指专利权人享有在其专利产品上或者产品的包装、容器、说明书、外壳上、广告中标注专利标记和专利号的权利。专利标记是指标明有关产品享有专利保护的字样。例如，某专利权人获得电视柜的外观设计专利后，在销售其电视柜产品时，就在电视柜柜脚上打上了此外

---

❶ 尹新天. 中国专利法详解（缩编版）［M］. 北京：知识产权出版社，2012.

观设计的专利号。

专利标识标注的作用主要在于向公众表明该产品已获得了专利保护，任何人未经许可不得擅自仿冒。在产品上标明专利标识标注，可以作为第三人应当得知该产品享有专利保护的证明。此外，随着知识产权保护意识的提升、国家知识产权战略的提出、社会创新意识的增强，社会公众会认为获得专利权的产品是具有创新技术、实力强的好产品，标明专利标记也可以在一定程度上增加该产品对消费者的吸引力，同时还可起到对产品的宣传推广作用。

需要注意的是，标明专利标识标注是专利权人的一项权利，而不是专利权人的一项义务。

资料卡片 4−1

标明专利标识标注是专利权人的权利，那么，被许可人是否有权标明专利标识标注呢？虽然《专利法》中没有明确规定被许可人可以标明专利号，但由于被许可人本身已得到了专利权人对于该专利的实施许可，而标明专利号仅仅是为了更好地推广产品，并不会侵占到专利权人的利益；相反如果被许可人的产品销售得更好，专利权人也可能因单件产品利润的增加而收取的专利许可费也会增加，因而专利权人通常会允许被许可人在其制造或者销售的专利产品或者该产品的包装上标明专利标记和专利号。当然如果专利权人和被许可人在专利实施许可合同有明确的约定，那自然遵守其约定。

标识标注权是属于专利权人的权利，因此任何他人未经许可不得在专利产品或者其包装上标明专利标识标注。而如果在非专利产品或者该产品的包装上标注专利标识，或者标注该产品是专利方法所制造，就是将非专利产品冒充专利产品，将非专利方法冒充专利方法，构成假冒专利的行为，管理专利的部门可以依照相关法规予以处罚。如果仿制专利权人的专利产品，并且在仿制的产品上标注该专利权人的专利标识标注，就构成了假冒他人专利的行为，依照专利法相关规定，不仅要依法承担民事责任，而且要受到行政处罚，严重的要承担刑事责任。

专利权人行使其标识标注权，标注专利标记和专利号，应当按照有关规定，标明专利的种类、专利号和授权日期，以便公众知晓专利的相应情况。但在实践中，往往有专利权人并没有标明专利的种类，也没有标明专利号，而是仅仅写上"专利产品，仿制必究"的字样，这种做法显然是不够规范的，因为社会公众无法从这个标记中了解到这个产品相关的专利信息，这种标记方式应当予以纠正。另一方面，在专利申请提出以后授权以前，由于尚未获得专利权，是不能称之为专利的，只能称之为专利申请。申请人如果要将专利标记标在产品或包装上，需要标记清楚是专利申请号，而非专利号。在现实中，很多专利申请人一拿到专利申请号，就迫不及待地将专利申请号打到产品上，标记为专利号。这种标识不清楚的行为有可能构成假冒专利行为，应当避免。

（五）保护请求权

保护请求权，是指专利权人在其专利权受到侵犯时，可以请求相关部门予以保护的权利。既可以请求管理专利工作的部门进行行政处理，也可以直接向人民法院提起民事诉讼。

专利权是一种财产权，财产权的纠纷属于民事纠纷，民事诉讼自然是解决民事侵权纠纷的通常方式。但行政救济是专利权被侵犯的较为特别的救济方式，是作为专利权侵权纠纷中对民事诉讼的有益补充，这也是因为专利权与一般财产权相比具有不同的特点。一般的有形财产只能为特定的人占有，一般不可能同时为许多人占有，因此，非法侵占他人私人财产的纠纷一般只涉及当事人之间的利益，不会涉及社会及公众的利益，而专利权的客体是智力活动的成果，是无形的，相关的技术人员通过阅读专利文件，即可将发明创造予以实施，因此从理论上说可以供无数人同时使用，其应用范围远比一般有形财产要更为广泛。同时，我国的专利制度建立时间比较晚，具有丰富经验的专利审判法院比较少，虽然近年法院审理的专利侵权案件增长很快，但还是很难满足公众的需求，如仅依靠司法机关对专利侵权纠纷以民事案件方式进行审理，还不足以有效地保护专利权人的利益，因此有必要发挥国家政府机关行政管理的作用，更好地为专利权人和社会公众提供服务。❶

（六）放弃专利权

专利权虽然是无形的，但也是属于财产权的一种，那么自然有对属于自身的财产进行处置的权利，而放弃财产的权利是属于专利权人对专利权的一种处分，专利权人可以通过书面向国家知识产权局申请或以不缴纳专利年费的方式而放弃其专利权。

（七）专利署名权

专利署名权，是指发明人或设计人有在专利文件中写明自己是发明人

---

❶ 汤宗舜. 专利法解说［M］. 修订版. 北京：知识产权出版社，2002.

或设计人的权利。

（八）以专利权出质的权利

根据国家知识产权局 2010 年公布的《专利权质押登记办法》，以专利权出质的，出质人与质押人应当订立书面质押合同。国家知识产权局负责专利权质押登记和公告工作。

二、专利权人的义务

专利权人的主要义务就是缴纳年费。

专利权是有法定保护期限的，每个国家对专利的保护期限大同小异，而《专利法》规定，中国发明专利为 20 年，实用新型与外观设计分别为 10 年，自申请日起计算。但并非在法定期限内该专利权都有效，专利权人必须每年向国家知识产权局缴纳年费，否则其专利权将终止，同时专利权人也丧失了相关的一切权利。

缴纳年费能起到一个维持专利有效的经济杠杆作用，如果专利权人没有依法缴纳年费，可以推断为专利权人认为此专利产品已无法带来经济上的收益，出于经济上的考虑不再需要这一专利权。

专利权人缴纳年费的义务是否可以由他人代为履行呢？在《专利法》《专利法实施细则》和《专利审查指南 2010》中都没有对此作出明确的规定。由于国家知识产权局在收取年费时并不过问费用的来源，其只对照某个专利号是否收到了相应的款项，因此在实践中是允许的，特别是当专利权人委托了专利代理机构时，由专利代理机构代为缴纳年费。但还有一种特例，如果专利权人不想维持该专利权，但他人仍为其代缴年费，该专利权是否继续有效呢？在此种情况下，专利权仍然继续有效。如果专利权人认为他人违背自己意愿代缴了年费，可以随时以书面声明的形式放弃专利权。

三、专利年费的规定

专利年费，在某些国家被称为维持费或续展费，简而言之，专利年费可以称为维持专利权有效的费用，它是专利权人为维持其专利权的有效性而必须承担的义务。

要求专利权人按时缴纳年费，一方面是因为国家知识产权局在授权后仍旧为专利权人提供服务，专利权人应当支付相关的费用；另一方面可以将年费作为经济杠杆，促使专利权人放弃没有经济价值的专利权，供社会公众自由使用。同时也能促进专利权人淘汰落后的专利技术，进一步研发新的技术，以适应企业创新发展要求。

（一）年费缴纳的时间

根据《专利法实施细则》规定，专利权人应当自被授予专利权的当年开始缴纳年费，年费的缴纳总体可以分为两个阶段，其一是授权阶段缴纳授权当年的年费，其二是获取专利证书后，再缴纳专利授权以后的专利年费。

1. 授权当年的年费

专利申请在授权时，国家知识产权局下发的授权通知书上会注明授权当年的年费，此时专利申请人应当在办理授予专利权的登记手续时缴纳当年的年费，如在办理登记手续的 2 个月期限内未缴纳年费的，视为未办理登记手续，也就视为放弃取得专利权的权利。

2. 授权以后的年费

获得专利证书后，以后的年费应当在前一年度期满前 1 个月内预缴。缴费期限届满日是申请日在该年的相应日。

案例链接 4 - 1

一件实用新型专利申请的申请日是 2014 年 7 月 1 日，该专利于 2015 年 2 月 1 日授予专利权，授权当年为第一年，那么该专利权人应当在 2015 年 7 月 1 日前预缴第二年度的年费，第二年度是 2015 年 7 月 1 日至 2016 年 6 月 30 日。

专利权人未按时缴纳年费（不包括授予专利权当年的年费）或者缴纳数额不足的，可以在年费期满之日起 6 个月内补缴，补缴时间超过规定期限但不足 1 个月时，不缴纳滞纳金，补缴时间超过规定时间 1 个月或以上的，需要缴纳滞纳金。

资料卡片 4 - 2

年费和滞纳金具体计算方法如表 4 - 1 和表 4 - 2 所示。

凡在 6 个月的滞纳期内补缴年费或者滞纳金不足需要再次补缴的，应当依照再次补缴年费和滞纳金时所在滞纳时段内的滞纳金标准，补足应当缴纳的全部年费和滞纳金。如果缴纳的金额不够，则会被国家知识产权局视为未缴费。在实践中，经常出现专利权人自己缴纳年费时，因为没注意到已经产生滞纳金，只缴纳了年费而没有缴纳滞纳金，导致缴费不成功的情况。有时，专利权因此会被视为放弃，专利权人还不知道个中原因。

单位：元

表4-1　发明专利年费及滞纳金计算表

时间	项目	费用标准					
		过期1日至1月内	过期1个月至2个月内（滞纳金5%）	过期2个月至3个月内（滞纳金10%）	过期3个月至4个月内（滞纳金15%）	过期4个月至5个月内（滞纳金20%）	过期5个月至6个月内（滞纳金25%）
第1年至第3年	年费滞纳金	0	45	90	135	180	225
	年费标准值＋年费滞纳金	900	945	990	1035	1080	1125
	年费减缴85%＋年费滞纳金	135	180	225	270	315	360
	年费减缴70%＋年费滞纳金	270	315	360	405	450	495
第4年至第6年	年费滞纳金	0	60	120	180	240	300
	年费标准值＋年费滞纳金	1200	1260	1320	1380	1440	1500
	年费减缴85%＋年费滞纳金	180	240	300	360	420	480
	年费减缴70%＋年费滞纳金	360	420	480	540	600	660
第7年至第9年	年费滞纳金	0	100	200	300	400	500
	年费标准值＋年费滞纳金	2000	2100	2200	2300	2400	2500
	年费减缴85%＋年费滞纳金	300	400	500	600	700	800
	年费减缴70%＋年费滞纳金	600	700	800	900	1000	1100
第10年至第12年	年费滞纳金	0	200	400	600	800	1000
	年费标准值＋年费滞纳金	4000	4200	4400	4600	4800	5000
第13年至第15年	年费滞纳金	0	300	600	900	1200	1500
	年费标准值＋年费滞纳金	6000	6300	6600	6900	7200	7500
第16年至第20年	年费滞纳金	0	400	800	1200	1600	2000
	年费标准值＋年费滞纳金	8000	8400	8800	9200	9600	10000

表 4-2　实用新型、外观设计专利年费及滞纳金计算表

单位：元

时间	项目	费用标准					
		过期1日至1月内	过期1个月至2个月内（滞纳金5%）	过期2个月至3个月内（滞纳金10%）	过期3个月至4个月内（滞纳金15%）	过期4个月至5个月内（滞纳金20%）	过期5个月至6个月内（滞纳金25%）
第1年至第3年	年费滞纳金	0	30	60	90	120	150
	年费标准值+年费滞纳金	600	630	660	690	720	750
	年费减缴85%+年费滞纳金	90	120	150	180	210	240
	年费减缴70%+年费滞纳金	180	210	240	270	300	330
第4年至第5年	年费滞纳金	0	45	90	135	180	225
	年费标准值+年费滞纳金	900	945	990	1035	1080	1125
	年费减缴85%+年费滞纳金	135	180	225	270	315	360
	年费减缴70%+年费滞纳金	270	315	360	405	450	495
第6年至第8年	年费滞纳金	0	60	120	180	240	300
	年费标准值+年费滞纳金	1200	1260	1320	1380	1440	1500
第9年至第10年	年费滞纳金	0	100	200	300	400	500
	年费标准值+年费滞纳金	2000	2100	2200	2300	2400	2500

案例链接 4 - 2

年费滞纳金5%的缴纳时段为5月10日至6月10日，滞纳金为45元，但缴费人仅交了25元。缴费人在6月15日补缴滞纳金时，应当依照再次缴费日所对应的滞纳期时段的标准10%缴纳。该时段滞纳金金额为90元，还应当补缴65元。

凡因年费和/或滞纳金缴纳逾期或者不足而造成专利权终止的，在恢复程序中，除补缴年费之外，还应当缴纳或者补足全额年费25%的滞纳金。

期满仍未缴纳的，专利权终止。专利权自应当缴纳年费的期限届满之日起终止。

（二）专利年度的概念

专利年费的年度是从申请日起计算，与优先权日、授权日均无关，与自然年度也没有必然联系。

案例链接 4 - 3

一件实用新型专利申请的申请日是2014年7月1日，该专利申请的第一年度是2014年7月1日至2015年6月30日，第二年度是2015年7月1日至2016年6月30日，以此类推。

专利年度的确认与应缴年费的数额有较大的关联，因为专利年费的金额随着专利年限的增加而递增，各年度年费按照国家知识产权局专利收费标准一览表❶中规定的数额缴纳。

案例链接 4 - 4

一件专利申请的申请日是1997年6月3日，如果该专利申请于2001年8月1日被授予专利权（授予专利权公告之日），申请人在办理登记手续时已缴纳了第五年度年费，那么该专利权人最迟应当在2002年6月3日按照第六年度年费标准缴纳第六年度年费。

专利年度与前面的"授予专利权当年"是有关系的。"授予专利权当年"中的"当年"容易被人理解为授予专利权的那一年作为第一年来确定年费的数额，这种理解是有误的。由于专利的审批需要时间周期，不一定能够在提交专利申请的那一年就授予专利权，特别是发明专利申请，从申

---

❶ 国家知识产权局专利收费标准一览表［EB/OL］.（2009 - 05 - 15）.［2016 - 03 - 25］. http://www.sipo.gov.cn/zlsqzn/s99/zlfy/2009/05/t20090515_460473.html.

请日到授权日通常是 2 年以上才能完成，因此，专利权人应当从授予专利权的当年起开始缴纳年费，但是具体缴纳此年费的数额，又需要根据授予专利权的"当年"是在整个专利权期限的第几年来确定的。

案例链接 4 - 5

专利授权之后，按年度缴纳年费，专利年度从申请日起算，与自然年度没有必然联系。授予专利权当年的年费应当在办理登记手续的同时缴纳，以后的年费应当在上一年度期满前缴纳，即缴费期限届满日是申请日在该年的相应日。但是在授权登记的当年，有可能出现一年内缴纳两次年费的情况。如：一件实用新型专利的申请日是 2014 年 12 月 29 日，国家知识产权局于 2015 年 4 月 9 日发出"办理登记手续通知书"，办理授权登记手续时缴纳第一年度的年费（即从 2014 年 12 月 29 日起到 2015 年 12 月 28 日的年费）。从 2015 年 11 月 29 日起一个月内，需要缴纳第二年度的年费（即 2015 年 12 月 29 日到 2016 年 12 月 28 日的年费）。

（三）年费的标准

缴纳年费的金额标准，与发明创造本身的价值大小是无关的，与 3 个因素相关，其一是专利权人是否办理了费用减缓或费用减缴，其二是专利种类，其三是缴纳年费的年度。

在 3 种专利中，发明专利的年费最高，实用新型专利和外观设计专利年费相同。对同一类别的专利权来说，应当缴纳的年费数额相同，年费的数额随保护时间的延续而递增，实行递进制，通常是 2 ~ 3 年年费的金额就会增加，具体可见"国家知识产权局专利收费标准一览表"。

（四）专利年费的效力

缴纳年费是专利权人的义务，也是维持专利权继续有效的保障。《专利法》第四十四条规定，没有按照规定缴纳年费的，专利权在期限届满前终止。一项专利权终止后，该项技术就进入了公共领域，社会公众中的任何人都可以自由使用。

专利权在期限届满前的终止使专利权的期限被缩短，专利权此后不再受到保护。但是，专利权不缴纳年费导致专利权终止，是否意味着专利权人所有的权利都被剥夺呢？由于专利权人是因为某一年的年费未缴纳导致专利权终止，在这一年之前的年费专利权人是按时缴纳的，维持了专利权在终止前几年的专利有效状态，如果将专利权人之前的权利也进行剥夺，这是有失公平的，因此专利权人因未缴纳年费导致专利权的终止不会影响专利权人此前享有的权利。专利权人可以就专利权终止前的实施许可收取许可费，也可以就专利权终止前发生的侵权行为提起诉讼。

（五）专利年费的费用减缓与费用减缴

按照有关规定，专利申请人或专利权人办理了费用减缓或费用减缴请求手续的，经批准后，国家知识产权局对授予专利权当年起6年内的年费可以减缓费用或减缴费用。费减比例按批准的情况执行，如：因专利权人的具体情况不同，《专利收费减缴办法》规定的减缴比例有85%和70%。❶

案例链接 4-6

一件发明专利在申请时申请了费用减缓，申请日是2010年6月1日，于2014年5月4日授权，按照专利年度计算，此专利是在第四年度授权的。这里可以减缓的年费是专利授权当年起6年内的，那就是第四年度至第九年度这6年可以进行费用减缓。在计算时，是按照专利年费表格中的第四年度至第九年度所对应的年费金额进行费用减缓计算。

这里要注意的是，因2016年9月1日起施行《专利收费减缴办法》，专利权人如果希望按该办法规定的标准缴纳年费，还要按国家知识产权局的有关规定办理。

本节要点

1. 在获得专利权后，专利权人即拥有对该专利权处置的权利以及承担缴纳专利年费的义务。专利权人的权利包括独占实施权、转让权、专利许可权、专利标记权、保护请求权、放弃专利权、专利署名权等。

2. 在法定年限内专利权人必须每年向国家知识产权局缴纳年费，否则其专利权将终止，同时也丧失了专利权人的其他相关权利。

第二节　专利文件归档与监控

由于专利的法定保护期限长达10~20年，因此企业专利管理不同于一般的项目管理，主要包括专利文件归档和为了维持专利权的有效性对每年缴纳年费情况的监控。

---

❶《专利收费减缴办法》第四条。

一、专利文档管理

专利文档管理主要涉及纸件文档、电子文档的归档和查阅，费用和期限的监控。

（一）纸件文档管理

在工作中经常需要查阅和准确、快速地将专利文档进行归档保存，通常把一件专利申请编好一个企业内部编码和文件夹，将专利申请文件、中间文件、授权证书等相关资料归纳在同一个文件夹中进行管理。

企业可以根据自己的习惯并适当结合不同规模的企业和专利申请数量来制定专利文档的编码规则。专利文档的命名方法有很多，每一种方案都有其实用的优点与不足，企业可以根据自身的情况选择其中一种来管理文档。常见的有下面几种。

（1）如果年申请数量不多，无须细化，可以直接用申请号归档。例如，201510110011.1 或者直接用流水号归档，如 0001、0002 这样编码。

（2）如果专利申请量较大的一些企业可以用"年份 + 流水号"或者用"年份 + 流水号 + 代理机构名称"、"年份 + 类型 + 流水号"命名。

（3）有一些特殊的案件命名时需要特殊处理。例如一个发明同时在中国与其他地区申请时，可以再加上国家代码，如 CN0001、US0001。

同一件专利申请中比较重要的文件包括专利申请文件、修改文件、国家知识产权局的通知书文件、授权证书及附带的授权文件。

（二）电子文档管理

电子专利文档的载体一般为 .doc 格式、.ppt 格式、.pdf 格式等；内容可能是专利申请文件、修改文件、国家知识产权局的通知书扫描件、发票扫描件等。这些电子文档可能是流程性质的也可能涉及专利文件的技术方案等实体内容。可能处在撰写阶段，也可能是已经归档不能再修改。

伴随着信息化进程，文档管理越来越受到企业的重视。但是，企业在进行文档管理的过程中，经常会遇到以下的问题：海量文档存储，管理困难；查找缓慢，效率低下；文档版本管理混乱；文档安全缺乏保障；文档无法共享；知识产权管理举步维艰等。电子文档管理系统就在这样的背景下应运而生。对于有电子文档管理软件的企业，可以按管理软件的要求进行管理，通常管理软件都是按个案进行存档，即按专利申请号或案号，同一个申请案中的所有文档都存放在一起。

对于大多数企业而言，在没有电子文档管理软件时对专利案件的电子文档进行管理的方案可以有两种：

（1）与电子文档管理软件一样，将同一个案件相关所有文档存放在一个文件夹中，包括：技术交底书、专利申请表、专利申请文件、专利申请受理通知书、专利申请初步审查合格通知书、专利申请公布通知书、发明专利申请进入实质审查程序通知书、第 N 次审查意见通知书、办理登记手续通知书、专利证书，文件夹内的文件可以用申请号命名，也可以用企业内部案号命名（与纸件文档编号一致）。

（2）将同一类文件存放在一起，比如将所有专利申请受理通知书存放在一个文件夹，而将初步审查合格通知书放在另一个文件夹。这种按文件的类型进行分类存放方式的好处是在使用时可以方便地存取，在办理专利申请资助时，可方便调取相关的文档。

以上两种电子文档的存放方法各有优劣，第一种文档存放的方式对于查找某一个专利相关的文档时比较便利，只要打开一个文件夹即可，但对于查找多个案件的同一类型文件的时候，就需要大费周折；第二种文档存放方法对于查找某一类文档比较便利，但对于找齐同一个申请号的所有文件就有些费时费力。

同一类文件存放在一起的方案对一些频繁使用或有特殊用途的文件特别有效，可以针对这样的文件采用这种方案进行存档，作为第（1）种方法的有益补充。例如，专利申请受理通知书、专利证书可按第（2）种方法存档。对企业而言，专利申请受理通知书、专利证书对企业享受国家税费优惠政策是有帮助的，如高新技术企业、软件企业以及部分生物医药企业等可以据此享受退税优惠，此时需要将当年或某一时间段的专利受理通知书或专利证书正本或复印件进行提交以备查验，那么分类存档就比较有优势。

当然，对所有的专利申请文件可以按年度或类别分类存放，相比按类型分类存放按年度存放较为便利，因为类型只有发明、实用新型、外观设计三类，纯粹以类型进行分类意义不大。当然，也可以结合两种方案同时使用，即先按类型分类再按年度分类，也可先按年度分类再按类型分类。

例如，可以先将企业所有的专利申请分为发明、实用新型和外观设计三类。针对每一种类别不同的年度建立相应的文件夹，存储对应年度所有该类别的专利申请文件。

随着企业发明专利申请文档的增加，如果超过一定的数量，可以考虑购买电子文档管理软件进行文档管理。

除了做好文档管理之外，还要考虑到文档的存放安全，比如计算机硬件损坏而导致硬盘损坏、数据丢失等意外情况，因此做好文档的备份工作也是非常重要的。此外，除了计算机硬件损坏外，进一步的安全还要考虑到地震、火灾等特殊情况，这时候就需要进行文件的异地备份，一份在本地，一份在外地。

二、专利文档管理规范

案例链接 4-7

下面提供一个企业专利文档管理规范的范例作为参考。

（一）文件备份

每次提交国家知识产权局或专利代理机构的专利申请文件、审查中间回文及其他所有外发文件，均由提交人留存复印件，并在文件首页的右上角标出提交日期（或加盖日期印章），留存档案袋；并保证电子版（文字版或扫描件）在电脑中归类留底。

（二）缴费凭证保存

第一类：采用邮局、银行汇款缴费的，缴费人将汇款申请单的复印件及汇款明细（企业内部审批）、收据（邮局、银行开具）的原件和发票（国家知识产权局开具）的复印件及时交企业专利管理部门归档；专利管理人员将上述凭证粘附于档案中的缴费项目或通知书的背面。

第二类：采用面交的，发票（国家知识产权局开具）的复印件及时交企业专利管理部门归档。

若有费用资助申请或报销的，发票原件交资助申请或报销经办人。

专利费用申请、缴纳、报销、退费等具体操作另见相关规定。

（三）发文凭证保存

采用邮寄方式提交的，邮局开具的收条原件及时交企业专利管理部门归档，专利文档管理人员将上述凭证粘附于档案中的该收据相关发文的背面。

面交的，要求国家知识产权局办事处提供回执（专利申请书首页上盖章），并将回执及时交企业专利管理部门归档。

（四）案卷的立卷

一旦提交专利申报（企业内部），即建立一份案卷，由独立的档案袋完成。

以该专利申请的申请号作为该案卷的主案卷号，企业内部编号为辅助案卷号。

例如，辅助案卷号的编号办法：部门代码（IP）＋年份（2 位数字）月份（2 位数字）＋序号（2 位数字）；上述年份和月份为内部提交日期。即企业内部编号为其《专利申报审批表》编号。

（五）案卷的排列及分类

案卷的排列办法：法律状态（一级分类）—申请日（二级分类）。

一级分类即为按照当时所处的法律状态进行的分类，可分为以下 5 个阶段：①申请前阶段（内部申报及交底资料）；②申请阶段；③实质审查阶段（仅限于发明专利）；④授权维持阶段；⑤失效阶段。

处于同一法律状态的案卷，按照专利的申请日先后排列。法律状态和申请日均相同的，按照企业内部编号进行排列。

就同一发明，同时提交实用新型和发明专利申请的、对具有优先权的专利、对前案分案的专利，在档案袋上注出关联专利。

PCT 专利，国际阶段按照企业内部编号和国际专利申请号采取上述方法排列及分类；进入国家阶段后按照各国专利号进行分卷管理。若进入国家只有一个，仍放在上述的档案袋中。

（六）档案袋

（1）文件的记载。提出专利申请时首次提交的各种文件、受理通知书和缴纳申请费通知书或者费用减缓审批通知书复印件应当按照顺序装订。发明或者实用新型专利申请的装订顺序为：请求书、说明书摘要、摘要附图、权利要求书、说明书、说明书附图；外观设计专利申请的装订顺序为：请求书、图片或者照片、简要说明。

（2）法律状态的记载。专利申请的重要法律状态（主要有初审合格、视为撤回、撤回、公布、驳回、授权、视为放弃专利权、专利权终止、宣告专利权无效等），特别是结案状态，应当记载在档案袋封面的相应栏目内。

缴纳专利费用、提交相关文件的记载。

分类号、所属立项项目名称或编号、各种标记（如优先权标记、实质审查请求标记、保密标记等）应当记载在档案袋封面相应栏目内。

档案袋上手工填写的记载应当使用蓝色或者黑色圆珠笔或者钢笔，不得使用铅笔等易擦去字迹的工具填写；盖章完成的记载，印章应当清晰。

记载有误需要更正时，由专利管理员在更改处签字或者盖章，并使被更正的内容依然可见。

（七）档案袋中文件的排列

档案袋中的文件分三部分，各部分间通过标签分开，并依次排列。第一部分是向国家知识产权局提出专利申请时首次递交的各种文件（含专利申请文件和其他文件）、受理通知书和缴纳申请费通知书或者费用减缓审批通知书的复印件。第二部分是提出专利申请之后产生的其他文件，并按照各文件处理时间的先后顺序排列。尚未处理或者尚未处理完毕的各种文件属于第三部分。档案袋的封面用于记载主要的审批流程和法律状态，必要时可以在封底分别记载已缴纳费用的情况及收、发文件的名称等。

（八）档案袋的查阅和复制

企业员工均可向专利管理部门请求查阅和复制相关专利案卷，具体程序及登记办法见企业档案馆对文献借阅的相关规定。

（九）档案袋的保存期限和销毁

专利结案前和结案后的案卷由企业专利管理部门保管。

未授权结案（视为撤回、撤回和驳回等）的案卷的保存期限为 3 年；授权后结案（视为放弃取得专利权、主动放弃专利权、未缴年费专利权终止、专利权期限届满和专利权被宣告全部无效等）的案卷的保存期限为 5 年。保存期限自结案日起算。

有分案申请的原申请的案卷的保存期从最后结案的分案的结案日起算。

作出不受理决定的专利申请文件保存期限为 1 年。保存期限自不受理通知书发出之日起算。

销毁前通过计算机作出案卷销毁清单，该清单记载被销毁案卷的案卷号、基本著录项目、销毁日期。清单经专利主管申请，报总经理签署同意销毁后，企业专利管理部门实施销毁工作。

三、专利费用管理

授予专利权当年以后的年费应当在上一年度期满前缴纳，即专利申请日前一个月内预缴下一年度的年费。专利权人未缴纳或者未缴足的，国家知识产权局应当通知专利权人自应当缴纳年费期满之日起 6 个月内补缴，同时缴纳滞纳金；滞纳金的金额按照每超过规定的缴费时间 1 个月，加收当年全额年费的 5% 计算；期满未缴纳的，专利权自应当缴纳年费期满之日起终止。

一般来讲，年费缴纳期满之前国家知识产权局不负责年费缴纳通知，因此专利年费的缴纳期限和金额是企业专利管理的一部分。特别是当企业在有效期内的专利数量较多时，需要不断地监控年费应缴期限和缴纳金额。

年费数额随着授权年限的增长一般以 2~3 年为一个台阶不断增长，以发明专利为例，第 1~3 年的年费为 900 元/年，第 4~6 年则为 1200 元/年，第 7~9 年则为 2000 元/年。因此，对企业来说根据自身需要放弃部分专利的专利权是一个可以考虑的管理手段和保护策略。例如，某产品已经逐渐退出了市场，则可以不再缴纳相关专利的年费；或者如果某专利的年费支出已经超出了该项专利能够带来的利润，并且已经完成其特殊使命，则可以停止缴纳年费。针对停止缴纳年费的专利，实质上其不再享有专利权，即变成了公众可以免费使用的技术。

因此，企业需要对年费的缴纳进行严格的管理。可以采取以下几个办法：（1）专人监控。指定专人负责期限的监控及缴费。（2）软件帮助监控。目前市面上已经开发出不少帮助企业进行专利管理和期限监控的软件，企业可以根据实际情况选用。（3）委托专利代理机构协助进行监控，专利代理机构有专门的监控和管理缴费期限的人员，会提前通知客户缴费。当然，一般专利代理机构会收取少量的手续费。

本节要点

1. 企业可以根据自己的习惯并适当结合不同规模的企业和专利申请数量来制定专利文档的编码规则。专利文档的命名方法有很多，每一种方案都有其实用的优点与不足，企业可以根据自身的情况选择其中一种来管理文档。

2. 随着电子申请的不断普及，企业对于专利电子文档的管理和安全应当充分重视。

3. 专利年费的缴纳期限和金额是企业专利管理的一部分，特别是当企业的有效期内的专利数量较多时，需要不断地监控期限和缴纳金额。

第三节 企业内部专利权评价与放弃

通常注重知识产权管理和经营的企业会拥有相当数量的专利申请，多年累积下来，专利的数量是比较可观的。由于专利需要年费的维持，同时专利技术也是在更新换代，市场变化更是日新月异，因此需要持续进行评价，以决定专利权的维持和放弃。了解和掌握企业目前的专利情况，是企业内部专利权评价很重要的因素。

一、评价目前有效专利权的技术和市场价值

对企业来说，专利属于无形资产，而无形资产的特点就是其价值具有较大的弹性，可能价值连城，也可能一文不值。因此，更重要的是要将专利成果转化实施，实现其价值，给企业带来效益。对专利的评估主要考虑其价值，关于专利价值的评估有多种理论和方法，一般来说，可从制度上的价值、技术上的价值以及市场上的价值来评价企业目前的有效专利。

制度上的价值，是指企业建立专利制度并不是完全指望单个专利给企业带来多大的效益，而是靠专利制度来推动创新工作形成体系，从而带动企业在技术上的创新活力和市场上的竞争优势。

技术上的价值，是指此专利技术具有在某个技术方向上的垄断地位。尤其是对于基础专利，保护范围大，意义重大，此类专利毫无疑问是具有较高含金量的，有些时候构成了企业的核心竞争力。外围专利是指围绕基础专利或市场需求应用进一步开发的从属专利，这些专利的主要作用是对基础专利的补充和对实际应用的保护。

市场上的价值，是指专利制度可以帮助企业在市场上占据优势地位。一方面可以压制仿冒厂家，另一方面在与正当的竞争对手较量时，也可以用作攻防的工具。例如，一方面，企业拥有专利权后，这些专利权在一定程度上是本企业与其他企业或行业巨头进行谈判的一个筹码，在未来的某个时间点也能和竞争对手作为一个互相谈判讨价还价的筹码；另一方面，企业拥有专利数量的多少和质量的高低对企业荣誉和知名度的提升以及获得政府项目也是大有帮助的。

案例链接 4-8

杨先生是广州某电焊机生产厂家的老板，是某款电焊机产品的原创发明人。该厂曾申请并获得多项专利，用专利产品去占领市场。多年以来，虽然无法杜绝侵权产品，但是杨先生一直不遗余力对于市场上出现的仿冒产品予以打击。对此，杨先生在与律师交流时说到，由于侵权者采取山寨小厂打一枪换一个地方的方式，难以完全杜绝仿冒侵权产品。但是由于打击行为的持续压力，仿冒侵权产品一直无法登上正式的营销渠道，对其正

规产品的冲击降到了最低。

二、企业内部的专利权评估流程

企业可以在其知识产权管理制度中设定专利权评价流程。例如，由管理专利的部门会同技术部门和市场部门，对各个专利进行评估，可以先将每个专利权要解决的技术问题、采用的技术方案、达到的技术效果罗列出来，首先由技术部门评估目前是否有最新的技术替代了该专利技术，技术行业中关于该技术的发展方向是怎样的，该技术是否存在缺陷无法批量生产，然后由市场部门了解目前市场同类产品的最新动态，经双方沟通后，确定哪些专利可以放弃、哪些专利可以作许可或者转让、哪些专利可以作为起诉他人侵权的进攻型专利。

企业内部的专利权评估流程应当定期进行。

案例链接 4 - 9

某企业内部专利评估流程

（1）专利管理部门提出。专利管理部门每 3 个月把年费到期的有效专利进行一次整理，按照专利所属的申请/实施部门进行划分，将专利号填写在《专利维护信息调查表》中的"专利号"一栏中；把公告的专利文献的电子版本进行整理，在上述表格里的专利号上加入超级链接；将上述《专利维护信息调查表》及专利文献打包发给专利申请/实施部门的专利联络员，并规定反馈时间。

（2）专利申请/实施部门作出专利维护信息反馈给专利联络员。首先核对发明/设计人的离职情况；发明人/设计人没有离职或部分离职的，由全体或在职发明人/设计人在"发明人/设计人意见"一栏给出"是否维护"的建议；发明人/设计人若全部离职的，"是否维护"不予填写。然后，专利联络员应认真调查并听取部门领导意见，对"维护"和"放弃"给出建议，并对具体理由作出判断，完成"专利申请/实施部门意见"一栏的填写。其中常见"维护理由"已经列出，包括"正在实施""备用""有无样机"等，属于"正在实施"的专利还应填写"实施的产品/系列型号"。常见的"放弃理由"也已经列出，包括"产品淘汰""技术更新""未实施""提前公开""保护不到""公知技术"等。属于维护和放弃的"其他理由"的，应进行具体文字描述。专利联络员将填好的表格发回专利管理部门。

（3）专利管理部门作出评估。专利管理部门组织资深专家，对专利的

"撰写质量""保护范围""稳定性"进行判断，并给出"是否维护"的建议，完成"专利管理部门意见"一栏的填写。

（4）综合判断。由主管专利的企业领导确定本次专利权维护和放弃的比例。由各部门专利联络员、专利管理部门代表、主管专利的企业领导组成合议组，共同讨论，作出每件专利维护或放弃的决定，"是否维护"的决定明确填写在《专利维护信息调查表》的"结果"项中。专利管理部门根据《专利维护信息调查表》中的"结果"，对需要维护的专利缴纳年费，不需要维护的专利则不再缴费。

三、适当地放弃专利权

申请专利的目的是为了获取专利权，那获得了专利权后为什么又要放弃呢？放弃专利权是企业专利管理的一个日常事务，放弃是一种选择，是为了整个企业专利管理体系更加健康和完善，做到去伪存真。由于专利申请是在产品实际走向市场前就提出的，有很多专利在经过市场检验后发现没有实际推广价值而被放弃，也有些专利是因为技术发展又有了新的技术出现而选择放弃，这是由专利制度的特点决定的。

放弃专利权有下述 3 种情况，企业可根据自己的具体情况选择。

（1）放弃缴纳年费。这是专利权放弃最常见的一种情况，某些专利权在申请的时候为保护企业产品、占领市场、威慑竞争对手起到了很大的作用，但随着时间的推移，技术日新月异，产品更新换代加速，过去的专利也许不能适应企业现在和未来的技术发展。而且，国家知识产权局现行的专利年费标准是根据专利年度逐阶段递增的，这也是为了促使专利权人自动放弃没有价值的专利。随着专利的增多，企业专利管理费用也水涨船高。因此，对于已拥有大量专利的企业来说，应适时放弃某些专利权，节约成本。

（2）书面申请提出主动放弃专利权。《专利法》规定，专利权人以书面声明放弃其专利权的，专利权在期限届满前终止。❶ 专利权人通常不采用书面声明的办法来放弃专利权，但有时专利权人为了某种目的，如专利权属纠纷或被他人提出无效宣告被迫放弃某项专利权的，可以通过主动声明来放弃其专利权。因为专利权如果被宣告无效，那么此权利自始不存

---

❶ 法律出版社法规中心. 中华人民共和国专利法注释本 [M]. 北京：法律出版社，2014.

在，而主动书面申请放弃专利权，此权利仅在期限届满前终止。因此，如专利权人在放弃专利权之前就进行了专利许可的，主动放弃专利权并不会因为专利权终止而不能收取专利权终止前的实施许可费，此时专利权人之前的权利还可以保留。但如果专利权被宣告无效，由于专利权被无效宣告后，被认为此专利权自始不存在，那么此时专利权人是不能针对无效宣告前的专利许可收取费用的，因此主动放弃专利权的时机也是企业在专利管理工作中一种策略。

（3）同一技术方案同日申请的发明和实用新型的处理情况。《专利法》规定，同样的发明创造只能被授予一项专利权，因此完全相同的发明和实用新型同日申请后，发明专利授权需要放弃实用新型专利权，这种放弃也是书面提出的，与上述第（2）种情况类似。在实际操作中要注意，有可能可以通过修改发明专利的权利要求使得两种专利的保护范围不同保留实用新型专利。但通常情况下，修改发明专利的权利要求会导致权利要求保护范围缩小，为了保留两个专利而缩小发明专利的保护范围，似乎不太值得。因此在绝大部分的实践中，专利权人都会放弃同日申请的完全相同的实用新型专利，而保留发明专利。

本节要点

1. 对于专利数量较多的企业，由于专利需要缴纳年费来维持，同时专利技术也在更新换代、市场变化更是日新月异，因此需要持续进行评价，以决定专利权的维持和放弃。一般来说，从制度上的价值、技术上的价值以及市场上的价值来评价企业目前的有效专利。

2. 企业可以在知识产权管理制度中制定专利权评价流程，企业内部的专利权评估流程应当定期进行。

3. 放弃专利权是企业专利管理的一个日常事务，企业应根据自己的具体情况处理。

第四节　专利无效宣告制度简介

一、专利无效宣告制度的概念

专利无效宣告制度的建立是基于平衡专利权人、利害关系人和社会公众之间的利益关系，保证专利授权的质量。在专利保护中，专利无效是被企业运用得比较多的一个专利手段。企业可以通过专利无效，扫除竞争对手，赢得市场份额；反之，每一个企业也会面临着竞争对手通过专利无效，打破企业的保护壁垒。尤其是在专利侵权诉讼中，被告方请求法院中止诉讼，同时向专利复审委员会提出专利无效宣告请求是一个常见程序。因此，专利无效已经成为企业间竞争的法律武器，也能成为企业间合作谈判的筹码。

（一）基本概念

获得专利授权公告后，专利权并不是一劳永逸的，为确保权利授予的公正性，任何单位和个人均可提出专利无效宣告请求。所谓专利权无效，是在专利权授予之后，任何单位或者个人认为该专利权的授予不符合《专利法》及《专利法实施细则》中有关授予专利权的条件的，可以请求专利复审委员会宣告该专利权无效，专利权的无效宣告由专利复审委员会作出并由国家知识产权局登记并公告，专利权被宣告无效的法律后果是，被宣告无效的专利权视为自始不存在。

在我国实用新型和外观设计专利申请只作初步审查，不进行实质性审查，有部分相同或类似的技术、创新程度和保护范围重复的一些发明创造获得授权。而发明专利授权经过审查员的严格检索，审查周期长，对创造性的要求也高，发明授权后的权利稳定性要强于实用新型专利和外观设计专利。因此，无效宣告请求很大一部分是集中在实用新型专利和外观设计专利，而且这两者被无效成功的概率也相对较高。

（二）无效宣告程序简介

1. 无效宣告程序的启动

无效宣告程序启动的时间为自国务院专利行政部门授予专利权之日起的任何时候，可以一直持续到该专利权终止后。允许在专利权终止后提出无效宣告请求，是与专利权被宣告无效后具有追溯效力有关，《专利法》第四十七条规定，宣告无效的专利权视为自始即不存在。由于专利权的无效宣告决定能够对专利权终止前的某些事项产生影响，例如，尚未支付的专利使用费可以不再支付，侵权纠纷中侵权人尚未履行的判决和裁定也可以不必履行，因此应当允许在专利权终止后提出无效宣告请求。这就是为什么企业专利管理环节中对专利权放弃的时机是需要把握的。

无效宣告程序启动的主体包括任何单位和个人，且不限于中国单位和个人。如果在中国没有经常居所或者营业所的外国人、外国企业或者外国其他组织请求宣告专利权无效的应当委托专利代理机构办理。根据《专利审查指南 2010》的规定，专利权人不得宣告自己的专利权全部无效，只能请求自己专利部分无效，而且所提交的证据必须是公开出版物。

利害关系人是否可以提出无效宣告请求呢？被控侵权人可以提出无效宣告请求是毋庸置疑的。事实上，侵权诉讼的被告往往以原告的专利权无效作为抗辩理由，专利复审委员会受理的无效宣告请求中有相当比例是侵权诉讼的被告提出的。此外，被授予专利权的发明创造的发明人、设计人以及专利许可合同的被许可方同样可以对专利权的有效性提出质疑。

2. 无效宣告的理由

任何人认为专利权的授予不符合《专利法》的"有关规定"，可以请求宣告专利权无效。实际上可以提出无效宣告理由的范围是很宽的。具体来说，请求宣告专利权无效的理由包括：

（1）专利的主题不符合发明、实用新型或外观设计的定义（《专利法》第二条）。

（2）专利的主题违反国家法律、社会公德或者妨害公共利益（《专利法》第五条）。

（3）被授予专利权的发明专利或实用新型专利没有经过保密审查即向外国申请专利（《专利法》第二十条第一款）。

（4）专利的主题不属于能够授予专利权的范围（《专利法》第二十五条）。

（5）发明、实用新型专利的主题不具备新颖性、创造性和实用性，外观设计专利的主题不具备新颖性或者与他人在先取得的合法权利相冲突（《专利法》第二十二条、第二十三条）。

（6）说明书没有充分公开发明或者实用新型（《专利法》第二十六条第三款）。

（7）授权专利的权利要求书没有以说明书为依据（《专利法》第二十六条第四款）。

（8）被授予专利权的外观设计专利没有清楚显示要求保护的产品（《专利法》第二十七条第二款）。

（9）授权专利的权利要求书不清楚、不简明或者缺少解决其技术问题的必要技术特征（《专利法实施细则》第二十条第二款）。

（10）修改超出原申请记载的范围（《专利法》第三十三条）。

（11）分案申请的文件超出原申请记载的范围（《专利法实施细则》第四十三条第一款）。

（12）属于重复授权（《专利法》第九条）。

无效宣告请求的理由不属于上述各项之一的，专利复审委员会不予受理。无效宣告请求可以涉及一项专利权的全部，也可以只涉及其一部分，也就是部分无效专利权，具体是指宣告发明或者实用新型专利权的一项或者数项（但不是全部）权利要求无效，或者只是缩小其中某一项权利要求的保护范围。

案例链接 4 - 10

"汽车（SUV）" 外观设计专利权无效宣告请求案

专利权人：江苏金×××汽车有限公司。

无效宣告请求人：大众汽车公司。

案情介绍：请求人于 2012 年在巴西圣保罗车展中推出 "Taigun" 概念车，同年获得世界知识产权组织（WIPO）的注册外观设计。次年，专利权人在中国提出名称为 "汽车（SUV）" 的 ZL201330096428.7 号外观设计专利申请，并获得授权。2014 年，请求人启动无效程序，认为涉案专利相对于请求人在 WIPO 注册的外观设计不符合《专利法》第二十三条第二款的规定。专利复审委员会经审理后作出第 24267 号无效宣告请求审查决定，宣告涉案专利权全部无效。

案例解读：本案以功能和美学设计并重的汽车类产品为例，强调外观设计专利保护的是满足一定创新高度的发明创造，明确了不同设计特征对于整体视觉效果应有不同影响权重。在外观设计无效宣告案件审理过程中，应以现有设计状况为依据，客观区分产品中的创新性特征和非创新性特征，遵循 "整体观察、综合判断" 的原则，在考虑创新性设计特征较大权重的同时不应忽略其他设计特征，并基于产品的全部设计特征，综合分析，科学得出结论。本案深入诠释了 "明显区别" 判断的客观审查标准。

案例链接 4 - 11

"寻呼方法及装置" 发明专利权无效宣告请求案

专利权人：GPNE 公司。

无效宣告请求人：苹果电脑贸易（上海）有限公司、诺基亚（中国）投资有限公司。

案情：专利号为 ZL95190550.3 的 "寻呼方法及装置" 发明专利申请于 2001 年获得授权。专利授权后，专利权人在中国、美国均针对苹果公司、诺基亚公司等通信企业巨头提起侵权诉讼。针对上述诉讼请求，苹果公司、诺基亚公司先后多次向专利复审委员会提起无效宣告请求。专利复审委员会经合并审理后作出第 23050 号无效决定，宣告涉案专利权部分无效。

案例解读：涉案专利主要涉及双向寻呼方法及系统，属于通信领域的基础专利，多家国际通信企业巨头多次对其提起无效宣告请求，且所涉及的侵权诉讼标的额高达数亿元，在通信领域具有重大影响。在该案审理过程中，专利复审委员会依据相关规定，根据说明书记载的技术内容，对权利要求书中的关键技术术语"请求使能信号"的含义进行解释，合理界定了权利要求的保护范围。

案例链接 4-12
"预应力高强混凝土方桩及其制造方法和成型模具"
发明专利权无效宣告请求案

专利权人：上海中技桩业股份有限公司。

无效宣告请求人：国内个人。

案情：专利号为 ZL200710068545.6 的"预应力高强混凝土方桩及其制造方法和成型模具"发明专利授权后，9 家企业及个人先后共 14 次向专利复审委员会提起专利权无效宣告请求，专利复审委员会先后作出包含该案在内的 7 个无效决定，该案涉及第 21471 号无效决定，维持涉案专利权有效。

案例解读：涉案专利授权后受到业内广泛关注，成为助推中小企业快速成长的核心技术，在建筑领域具有突出的市场价值，对该案的审理也受到了建筑行业的普遍关注。专利复审委员会在案件审理过程中以发明构思为切入点，从技术方案实际解决的技术问题、采用的技术手段以及取得的技术效果 3 个方面分析了现有技术与涉案专利的不同。

3. 无效宣告请求的审查

专利复审委员会经形式审查合格受理无效宣告请求从而启动无效程序后，成立合议组对无效宣告请求案件进行合议审查。绝大部分案件由 3 人（组长、主审员、参审员）组成的合议组进行审查，只有极少数案情重大的案件才由 5 人合议组（1 名组长、1 名主审员、3 名参审员）进行审查。

4. 无效宣告请求审查决定的作出及效力

合议组经审查作出无效宣告请求审查决定后，对专利复审委员会宣告专利权无效或者维持专利权的决定不服的，可以自收到通知之日起 3 个月内向人民法院起诉。无效宣告请求审查决定有三类：一是宣告专利权全部无效；二是宣告专利权部分无效；三是维持专利权有效。

　　根据《专利法》的规定，宣告无效的专利权视为自始即不存在，所述"自始即不存在"，是指法律上认定该专利权从授权开始就没有法律约束力，而不是自被宣告无效后才失去法律效力，即对专利权的无效宣告是具有追溯力的。

　　那么《专利法》为什么要规定宣告无效的专利权是自始即不存在的呢？专利权被宣告无效，是因为该专利权的授予不符合《专利法》的规定，比如在该专利申请日之前已存在相同或类似技术导致专利缺乏新颖性或创造性，或是因为专利说明书没有充分公开，或是权利要求书没有以说明书为依据等。总之，一方面由于中国专利审查机制的原因，实用新型专利没有经过严格审查，因此一些不符合《专利法》要求的实用新型专利被授予了专利权，此时在无效宣告程序中得到了纠正；另一方面，即使是发明专利，在实质审查程序中是审查员单方面针对专利进行检索和评估，而无效宣告程序中引入了第三人，由于专利与第三人的切身利益相关，其收集到的证据可能更为充分，因此经过无效宣告程序，能检验出专利权的授予是否是"货真价实"的，而一旦专利权被宣告无效，说明无效理由成立，就说明此专利权的授予不符合《专利法》的规定，那就不符合专利的授权标准。既然专利本身缺乏能授予专利权的基础，则说明该专利权本就不应被授权，因此《专利法》规定专利权无效宣告的效力是延伸到授予专利权的那日开始，如同此项专利在当时审查就没有授权一样，相当于从来没有授予专利权一样。

　　被宣告无效的专利权由于自始即不存在，因此必然会给在无效宣告前围绕该专利权产生的纠纷、签订的合同等事务产生影响，一项专利权被宣告无效，使该专利被视为从未存在过，无论是在宣告无效前还是在宣告无效后，任何人都有权自由实施，无须取得许可，也无须支付使用费。因此，专利权被宣告无效后，尚未执行和正在履行的专利实施合同和专利权转让合同立即停止履行，被许可人可以停止支付有关费用，即使根据合同约定应当支付的专利使用费和专利权转让费尚未支付，也可不再支付。这是可以理解的，因为被无效宣告后，专利权就从授权之日起不存在，那么之前专利权人与他人订立专利许可合同或者专利权转让合同，都是以所涉及的专利是有效专利为前提进行的，一旦专利权被宣告无效，当然就使得上述合同失去了存在的基础，那被许可人或受让人所承担的与专利权有关的义务自然可以不再履行。

　　专利权被宣告无效后，任何人实施该项技术的行为都不构成侵权行为。因此，专利权被宣告无效后，人民法院就侵权行为作出的判决或裁定，以及管理专利工作的部门作出的专利侵权纠纷处理决定应当立即停止执行。

宣告专利权无效的决定，对在宣告专利权无效前人民法院作出并已执行的专利侵权的裁决、判决、调解书，已经履行或者强制执行的专利侵权纠纷处理决定，以及已经履行的专利实施许可合同和专利权转让合同，不具有追溯力，对因履行专利实施许可合同而支付的专利使用费或因履行专利权转让合同而支付的转让费，当事人不得请求返还。但是因专利权人的恶意给他人造成的损失，应当给予赔偿。依照上述规定不返还专利侵权赔偿金、专利使用费、专利权转让费，明显违反公平原则的，应当全部或者部分返还。

5. 后续的司法救济程序

根据《专利法》第四十六条第二款的规定，对专利复审委员会宣告专利权无效或者维持专利权的决定不服的，可以自收到通知之日起 3 个月内以专利复审委员会为被告向人民法院起诉。受理诉讼的法院和诉讼性质与不服复审决定提起的诉讼相同。需注意的是，无效宣告程序中的对方当事人作为第三人参加诉讼。

二、专利无效宣告制度的基本原则

在无效宣告程序中，专利复审委员会遵循一事不再理原则、当事人处置原则和保密原则。

（一）一事不再理原则

对已作出审查决定的无效宣告案件涉及的专利权，以同样的理由和证据再次提出无效宣告请求的，不予受理和审理。

如果再次提出的无效宣告请求的理由或者证据因时限等原因未被在先的无效宣告请求审查决定所考虑，则该请求不属于上述不予受理和审理的情形。

（二）当事人处置原则

请求人可以放弃全部或者部分无效宣告请求的范围、理由及证据。对于请求人放弃的无效宣告请求的范围、理由和证据，专利复审委员会通常不再审查。

在无效宣告程序中，当事人有权自行与对方和解。对于请求人和专利权人均向专利复审委员会表示有和解愿望的，专利复审委员会可以给予双方当事人一定的期限进行和解，并暂缓作出审查决定，直至任何一方当事人要求专利复审委员会作出审查决定，或者专利复审委员会指定的期限已届满。

在无效宣告程序中，专利权人针对请求人提出的无效宣告请求主动缩小专利权保护范围且相应的修改文本已被专利复审委员会接受的，视为专利权人承认大于该保护范围的权利要求自始不符合《专利法》及《专利法实施细则》的有关规定，并且承认请求人对该权利要求的无效宣告请求，从而免去请求人对宣告该权利要求无效这一主张的举证责任。

在无效宣告程序中，专利权人声明放弃部分权利要求或者多项外观设计中的部分项的，视为专利权人承认该项权利要求或者外观设计自始不符合《专利法》及《专利法实施细则》的有关规定，并且承认请求人对该项权利要求或者外观设计的无效宣告请求，从而免去请求人对宣告该项权利要求或者外观设计无效这一主张的举证责任。

（三）保密原则

在作出审查决定之前，合议组的成员不得私自将自己、其他合议组成员、负责审批的主任委员或者副主任委员对该案件的观点明示或者暗示给任何一方当事人。为了保证公正执法和保密，合议组成员原则上不得与一方当事人会晤。

本节要点

1. 由于专利审批中引用文献的齐全与否、实用新型没有经过实质性审查等因素，都会造成专利权会缺乏一定的稳定性，因此通过专利无效宣告制度的建立用来平衡专利权人、利害关系人和公众的利益，使得专利制度更加公平、公正和公开。

2. 任何人认为专利权的授予不符合《专利法》的"有关规定"的，可以请求宣告专利权无效。无效宣告请求审查决定有三类：第一类是宣告专利权全部无效；第二类是宣告专利权部分无效；第三类是维持专利权有效。宣告无效的专利权视为自始即不存在。

3. 对专利复审委员会宣告专利权无效或者维持专利权的决定不服的，可以自收到通知之日起3个月内以专利复审委员会为被告向人民法院起诉。

第五节　专利运营管理

专利运营管理是件非常重要的工作，主要是通过对现存专利资产的有效运作，最大限度地实现其价值。具体来说，专利运营管理包括专利权实施许可与转让管理、质押或信托融资、参与专利联盟（专利池）、利用专利参与商业谈判等内容。本章主要介绍专利权实施许可与转让管理、专利权质押融资管理。

一、专利权实施许可管理

专利权实施的方式有若干种，下面列举说明。

（一）企业自己实施专利权

企业直面市场的风云变幻，需要锐意进取，持续开发新产品，才能在市场竞争中保持良好的发展势头，而企业的经营是以获取最大化利润为原则，因此，在对专利申请上更多的是务实的需求，企业经过创新开发一件新产品或新工艺，申请并获得专利权得到专利的保护，希望能保护自己，垄断市场，禁止他人使用与本专利相同的技术。

1. 按照产品申请专利

这是实施专利最直观的方式，按照产品的架构或方法的流程撰写专利申请文件，申请专利并获得专利权，然后批量化生产。此种方式在实践中需要注意将专利申请的保护范围写得足够大，尽可能涵盖产品的上位特征，以使得产品在进行结构替换或未来的产品结构升级时也能保护到，而同一个产品如果涉及多个创新之处，也可以针对每个创新点申请专利，以尽可能从产品的不同角度去保护该产品。

2. 专利池的建立

上述第一点中按照产品申请专利获得的专利权是企业攻占市场的利器，但在实施专利的过程中，可以考虑申请外围专利或储备专利，这些专利也许跟目前企业在市场上的产品关系不大，但企业通过持续的研究开发，多角度、多方位的考虑本企业相关技术的可能性，虽然与当下的市场竞争关联不大，但这些专利申请都可能形成技术壁垒，在未来的某段时间，也许其能作为阻隔竞争对手进行创新的武器，成为与竞争对手谈判或交叉许可的筹码。建立适合企业自身需求的专利池，也是属于实施专利的一个方面。

（二）专利权实施许可

目前企业大部分情况是自己实施专利，专利许可、专利转让的比例比较低，这也是因为大部分企业还没有专利经营的意识，专利的实施形式仅停留在普通级别的应用阶段，即企业自己实施，进行转让或许可他人的很少。

专利实施许可就是专利权人将实施专利的权利给一个或多个被许可人。由于专利权属于财产权，专利权人根据需要可以任意处置该财产，专利实施许可类似于有形财产的出租，但是又与有形财产的出租有较大不同，有形财产在同一时刻只能出租给一个承租人，而专利权可以在同一时刻许可若干人实施。

对于专利权人来讲，许可他人实施其专利，是其行使专利权的方式之一。对于被许可人来讲，专利实施许可是被许可人实施他人专利的必要前提，但被许可人对该专利仅仅享有实施权，不享有所有权。所以，被许可人无权允许合同约定以外的任何单位或者个人实施该项专利，当然，如果专利权人在合同中约定被许可人可以许可他人实施，则被许可人有权在合同约定范围内许可他人实施。

在法律上，专利权人可以允许被许可人在专利权有效期限内，在专利权效力所及的全部地域，从事各种实施专利的行为（制造、使用、许诺销售、销售、进口）。一方面，专利权人由于签订许可合同而与被许可人分享专利权带来的利益，放弃他在市场上的部分独占地位，但是他得到了使用费；另一方面，被许可人付出了代价，但是他得到了实施专利的权利。当然，专利权人也可以对被许可人的实施行为施加种种限制。例如，实施的行为可以仅仅是制造或者销售，而不一定包括所有的实施行为；实施的地域可以仅仅是国内某一地区，而不一定是全国；实施的期限可以是一定期限，而不一定是专利权的全部期限；在被许可人超越这些限制的情况下，专利权人保留以侵权诉讼控告被许可人的权利。

专利实施许可的基本包括如下几个类型。❶

1. 独占实施许可

简称独占许可，是指在一定时间内、一定地域范围内，专利权人只许可一个被许可人实施其专利，而且专利权人自己也不在该范围内实施该专利。

---

❶ 汤宗舜. 专利法解说 [M]. 修订版. 北京：知识产权出版社，2002.

2. 排他实施许可

简称排他许可，也称独家许可，是指在一定时间内，在专利权的有效地域范围内，专利权人只许可一个被许可人实施其专利，但专利权人自己有权实施该专利。排他许可与独占许可的区别就在于排他许可中的专利权人自己享有实施该专利的权利，而独占许可中的专利权人自己也不能实施该专利。

3. 普通实施许可

简称普通许可，是指在一定时间内，专利权人许可他人实施其专利，同时保留许可第三人实施该专利的权利。这样，在同一地域内，被许可人同时可能有若干家，专利权人自己也仍可以实施。普通许可是专利实施许可中最常见的一种类型。

4. 交叉实施许可

简称交叉许可，也称作互换实施许可，是指两个专利权人互相许可对方实施自己的专利。这种许可，两个专利的价值大体是相等的，所以一般是免交使用费的，但如果二者的技术效果或者经济效益差距较大，也可以约定由一方给予另一方以适当的补偿。

5. 分实施许可

简称分许可，是针对基本许可而言的，即被许可人依照与专利权人的协议，再许可第三人实施同一专利，被许可人与第三人之间的实施许可就是分许可。被许可人签订这种分许可合同必须得到专利权人的同意。

6. 强制实施许可

以上几种许可方式是在专利权人自愿和可控的范围内进行许可，而强制实施许可方式更多的是兼顾公众利益、公共健康目的或国家紧急状态安全需求等方面。国务院专利行政部门（即国家知识产权局）根据具备实施条件的单位或者个人的申请，可以给予实施发明专利或者实用新型专利的强制许可：

（1）专利权人自专利权被授予之日起满3年，且自提出专利申请之日起满4年，无正当理由未实施或者未充分实施其专利的。

（2）专利权人行使专利权的行为被依法认定为垄断行为，为消除或者减少该行为对竞争产生的不利影响的。

（3）在国家出现紧急状态或者非常情况时，或者为了公共利益的目的，国务院专利行政部门可以给予实施发明专利或者实用新型专利的强制许可。

（4）为了公共健康目的，对取得专利权的药品，国务院专利行政部门可以给予制造并将其出口到符合中华人民共和国参加的有关国际条约规定的国家或者地区的强制许可。

（5）一项取得专利权的发明或者实用新型比前一已经取得专利权的发明或者实用新型具有显著经济意义的重大技术进步，其实施又有赖于前一发明或者实用新型的实施的，国务院专利行政部门根据后一专利权人的申请，可以给予实施前一发明或者实用新型的强制许可。在依照上述规定给予实施强制许可的情形下，国务院专利行政部门根据前一专利权人的申请，也可以给予实施后一发明或者实用新型的强制许可。

上述实施许可方式的特点可以参见表4-3。

表4-3　专利实施许可方式的特点

许可方式	性质	专利权人能否实施	被许可方能否实施	被许可方能否再许可
独占许可	自愿	不能	能	约定（通常能）
排他许可	自愿	能	能	约定（通常不能）
普通许可	自愿	能	能	约定（通常不能）
强制许可	非自愿	能	能	不能

（三）专利权实施许可使用费

专利权是一种财产权，所以任何人要实施专利应当得到专利权人的许可并向专利权人支付专利使用费。专利使用费的规定也是通过法律限定的，根据《专利法》规定，任何单位或者个人实施他人专利的，应当与专利权人订立实施许可合同，向专利权人支付专利使用费。专利使用费的确定取决于许多因素，专利权人可以考虑如下几个方面：❶

（1）专利权人研究开发专利技术所支出的费用，包括材料采购、试验经费、人员经费、场地费用等。

（2）被许可人使用专利技术所能获得的经济收益。

（3）专利许可的类型、实施的行为种类和期限。

（4）被许可人支付使用费的方式和时间。

此外，市场上是否有可供选择的替代技术、技术改进的前景，以及双方当事人的讨价还价能力，也是影响使用费的因素。

使用费的支付方式由当事人约定，可以采取一次总付或者分期支付的

---

❶　尹新天. 中国专利法详解（缩编版）［M］. 北京：知识产权出版社，2012.

方式，也可以采取提成支付或者提成支付附加预付入门费的方式。约定提成支付的，可以按照产品价格、实施专利后新增的产值、利润或者产品销售额的一定比例提成，也可以按照约定的其他方式计算。提成支付的比例可以采取固定比例、逐年递增比例或者逐年递减比例。约定提成支付的，当事人应当在合同中约定查阅有关会计账目的办法。

总算和提成费两种方式各有优缺点。采用总算方式，专利权人得到款项早，风险较小，但有可能需要缴纳的税多些，而且如果以后产品的销路好，专利权人就得不到额外的好处。当然，如果以后产品达不到预期的销售额，这种方式就会给被许可人带来风险。采用提成费的方式，被许可人是分期支付的，则被许可人承担的风险比较小，但是如果以后产品的销售情况非常好，则专利权人就可以获得较高的提成费。在许多情况下，专利使用费是采用入门费和提成费结合的方式支付的。

（四）专利实施许可合同

任何人想实施他人专利，都应当获得专利权人的许可，这是显而易见的，但怎样的程序才表示是获得了专利权人的许可呢？与专利权人签订专利实施许可合同，是获得专利权人许可的法定方式，也是认定是否获得专利权人许可的根本依据。

根据《合同法》的规定，"合同的订立可以采用口头形式、书面形式和其他形式"，"法律、行政法规对技术进出口合同和专利、专利申请合同另有规定的，依照其规定"。专利实施许可合同必须签订书面合同。《合同法》在制定时，考虑了有形财产和无形财产的区别，有形财产可以以交付的形式完成合同的约定，但无形财产无法进行交付，一旦发生纠纷，应当以书面为准。

根据《专利法实施细则》第十四条第二款的规定，专利权人与他人订立的专利实施许可合同，应当自合同生效之日起 3 个月内向国务院专利行政部门备案。根据《合同法》规定，合同在签订之日起即可生效，但合同生效后仅专利权人与被许可人知晓该专利的状态，社会公众还不知晓此专利权目前的状态，因此应当将该实施许可合同向国家知识产权局备案，备案后社会公众方知此专利的最新状态。

二、专利权转让管理

1. 专利权转让的规定

专利权是一种财产权，专利权人具有自由处置其自身财产的权利，其当然也包括能将该权利转让给他人，根据《专利法》的规定，专利申请权和专利权可以转让。中国单位或者个人向外国人、外国企业或者外国其他组织转让专利申请权或者专利权的，应当依照有关法律、行政法规的规定办理手续。转让专利申请权或者专利权的，当事人应当订立书面合同，并向国务院专利行政部门登记，由国务院专利行政部门予以公告。专利申请权或者专利权的转让自登记之日起生效。

2. 专利权转让合同

同专利权利实施许可合同一样，《专利法》规定专利权转让合同应当采用书面形式，专利权的归属必须以国家知识产权局的登记簿为准。当然，根据《合同法》的规定，书面形式包括合同书、信件和数据电文等形式。

这里需要注意的是，专利权转让合同是在签订之日起生效，但专利权转让这一民事行为的生效日是以国务院专利行政部门的登记之日起。专利权的转让需要通过国务院专利行政部门进行审查并公告才能生效，这是基于专利权具有市场垄断权利，其不仅涉及专利权人、受让人的权利，而且涉及公众的利益，需要行政部门进行登记并公示，这样也便于第三方在寻求专利实施许可时能及时了解到此专利权的最新变更信息。因此，行政部门对转让合同的登记才是专利权转让的必要条件，如果专利权人在签订转让合同之后在登记之前，又与第三方签订新的专利转让合同，而第三方及时将该专利权的转让行为向国务院专利行政部门进行了登记，那么两份转让合同都能成立，但向第三方的转让行为生效，最终第三方成为真正的专利权受让方。

专利权人将其发明创造专利的所有权移转受让方，受让方支付所订立的合同的约定价款。通过专利权转让合同取得专利权的当事人，即成为新的合法专利权人，专利转让权一经生效，受让人取得专利权人地位，转让人丧失专利权人地位。同时，专利权转让合同不影响转让方在转让合同成立前与他人订立专利实施许可合同的效力。除合同另有约定的以外，原专利实施许可合同所约定的权利义务由专利权受让方承担。另外，订立专利权转让合同前，转让方已实施专利的，除合同另有约定以外，合同成立后转让方应当停止。

三、专利权质押融资管理

对企业来说，专利权实施许可、专利权转让这两种专利权的经营方式均能给企业带来经济或市场上的收益，企业还可以通过专利权质押融资的方式获得企业发展所需要的资金。

所谓的专利权质押融资是一种相对新颖的融资方式，它区别于传统的以不动产作为抵押物向金融机构申请贷款的方式，指专利权人以合法拥有的专利权中的财产权经评估机构评估后作为质押物，向银行申请贷款。

专利权质押融资的基本流程是，目前按照银行的要求，首先对处于有效的发明专利权或实用新型专利权委托相关机构进行价值评估并提交银行受理，由银行进行调查和审批，审批通过后企业与银行签订专利权质押合同，最后将相关文件提交到国家知识产权局办理专利权质押登记，登记后由银行放贷给企业。

此处需要注意的是，一般银行对于评估机构有要求，因此如果是为了质押融资贷款而作的专利权评估，应找银行认可的评估机构进行评估。

银行对企业的专利权质押融资贷款的审核要求主要包括：

（1）企业应该是拥有专利权的科技型创新企业，专利产品处于实质性的生产、销售并形成一定的市场价值。

（2）企业具有较强的竞争优势，质押专利权所对应的专利产品具有一定的市场占有率，在本地区本行业内具有一定的竞争力。

（3）企业连续3年生产经营正常，成长性较好，现金流及利润稳定增长。

（4）企业无不良信用记录。

专利权质押融资为拥有自主专利权的科技创新型企业的融资提供了一条新的途径。

案例链接 4-13

天津市某公司是一家民营科技型企业，主要从事内窥镜和耳鼻喉综合诊疗台的研发、生产及销售，是国内为数不多的几家生产医用内窥镜的企业之一。该企业拥有独立的技术研发中心，获得相关科研领域的多件发明专利和实用新型专利，且均已投入实际生产，其中部分技术在国内和国际上均处于领先地位。另外，该企业还与多家医疗机构签订了长期供货合同。天津银行通过考察了解到，该企业的资产主要体现为企业赖以生存的核心专利技术和研发设备，其拥有1件发明专利和12件实用新型专利，缺少商业银行认可的传统抵押物、质押物，但考虑到企业处于业务上升期，流动资金不足会严重制约企业研发新产品和扩大市场的速度，天津银行以其13件核心专利进行捆绑质押，累计为企业发放500万元专利权质押贷款，解决了企业资金的燃眉之急。

本节要点

1. 专利运营管理主要通过对现存专利资产的有效运作，最大限度地实现其价值。

2. 专利权除了专利权人自己可以实施以外，专利权人还可以许可他人实施，被许可方可根据约定，与专利权人订立书面合同，并在合同生效之日起3个月向国家知识产权局申请备案。

3. 专利权的转让需要通过国务院专利行政部门进行审查并公告才能生效。

4. 专利权质押融资为拥有自主专利权的科技创新型企业的融资提供了一条新的途径。

思 考 题

1. 专利权人的权利和义务分别有哪些？

2. 未缴纳专利年费对专利权的影响与专利权被无效后对专利权的影响具有哪些不同点？

3. 为什么要进行专利文件的管理？

4. 企业如何对缴纳年费进行管理？

5. 专利权转让的生效要件是什么？

6. 专利权实施许可具有哪几种类型，哪种类型是专利权人自己也无法实施专利？

7. 专利无效宣告程序中的基本原则是什么？

8. 提出专利无效宣告的理由有哪些？

9. 放弃专利权有几种方式？

10. 哪些主体可以提出专利权无效宣告请求？

11. 强制实施许可包括哪几种情形？

12. 简单说明如何评价专利权的价值？

13. 专利实施许可与专利转让有什么区别？

第五章　专利侵权纠纷处理

学习目标

通过本章学习，了解什么是专利侵权、处理专利侵权纠纷有哪些方式，基本掌握当事人协商解决、请求管理专利工作的部门处理、向人民法院提起诉讼等方式的有关概念和基本程序，基本掌握涉嫌侵权人如何应对专利侵权诉讼的有关概念和基本程序，基本掌握处理假冒专利行为的途径，了解展会知识产权保护基本措施和程序。

在中小企业的专利管理实务中，涉及专利保护方面比较多见的是专利侵权纠纷处理，以及产品上市后遇到的假冒专利问题、会展专利保护问题等。一方面，企业要保护自己的专利权不被他人侵犯；另一方面，企业也要避免因侵犯他人的专利权而受到损失。本章主要介绍权利人如何应对专利侵权纠纷、涉嫌专利侵权时该如何应对，以及在生产经营中防止假冒专利行为发生，在会展中保护自己的专利权等。

第一节　权利人应对专利侵权纠纷

专利侵权纠纷是指专利权利人与未经其许可实施其专利的侵权行为人发生的争议，这类纠纷在企业专利实务中较为常见。

一、专利侵权纠纷概述

（一）专利侵权行为

专利侵权又称"侵犯专利权"，是指在专利权有效期限内，行为人未经专利权人许可，以生产经营为目的实施其专利的行为。根据《专利法》第十一条规定，发明和实用新型专利权被授予后，除该法另有规定的以外，任何单位或者个人未经专利权人许可，都不得实施其专利，即不得为生产经营目的制造、使用、许诺销售、销售、进口其专利产品，或者使用其专利方法以及使用、许诺销售、销售、进口依照该专利方法直接获得的产品。外观设计专利权被授予后，任何单位或者个人未经专利权人许可，都不得实施其专利，即不得为生产经营目的制造、许诺销售、销售、进口其外观设计专利产品。他人未经许可实施了上述行为，就构成了专利侵权。

简单地说，就是没有经过专利权人许可而以生产经营为目的实施了其有效专利的行为，就构成了专利侵权。

（二）专利侵权判定

专利侵权行为构成要件主要包括以下几个方面：（1）侵犯的专利必须是在我国享有专利权的有效专利；（2）存在未经许可擅自使用专利权人专利的行为；（3）实施行为以生产经营为目的；（4）实施的内容在专利权人的专利保护范围之内。

在实践中，判定专利侵权非常复杂。

（1）根据我国《专利法》第五十九条的规定，发明或者实用新型专利权的保护范围以其权利要求的内容为准，说明书及附图可以用于解释权利要求的内容。我国主要运用全面覆盖原则进行专利侵权判定，即将被诉侵权的技术方案的技术特征与专利权利要求的技术特征进行对比，只要被诉侵权技术方案的技术特征包含了专利权利要求中所有的技术特征，即认定其落入了该专利权的保护范围。

需要提醒的是，发明专利审查过程中会有个公开程序（见本书第三章），但是公开的专利文本并不一定是最后被国家知识产权局批准授权的文本，其间还可能经过很多修改。因此，技术特征的比对应依据有效的授权文本的权利要求进行。

专利的权利要求一般分为独立权利要求和从属权利要求，独立权利要求保护范围最大。这是因为从属权利要求是在独立权利要求的基础上进一步对技术特征进行限定，而限定的技术特征越多对应的保护范围就会越小。因此只要被诉侵权技术方案包含独立权利要求的全部技术特征，即可判定其落入了专利保护范围之内。在独立权利要求被宣告无效的情况下，才需要进一步比对有效的从属权利要求的技术特征。

上述技术特征的比对非常专业，建议在专利代理人或者律师的协助下进行。

案例链接 5-1

徐××于 2002 年 2 月 13 日获得专利号为 ZL97107531. X、名称为"辨钞药水"的发明专利，该专利的独立权利要求为："一种用水湿沾浸法辨别真假币的辨钞药水，包括碘酊、香精、蒸馏水，其特征是配方中加有纯白酒；其配方为碘酊 1% ~29%，纯白酒 10% ~65%，香精、蒸馏水加至100%。"法院经审理认为被告北京某公司的"神奇验钞笔"药液配方产品的配方除了另加了甘油，其他与原告专利的配方一样，判定被告产品侵犯徐××的 ZL97107531. X 号专利。❶

在上述案例中，被告产品的技术特征包含了专利权利要求中所有的技术特征，因此法院判定其侵权。

（2）根据《专利法》第五十九条的规定，外观设计专利权的保护范围以表示在图片或者照片中的该产品的外观设计为准，简要说明可以用于解释图片或者照片所表示的该产品的外观设计。因此在判定外观设计专利侵权时，主要是把被控侵权物和外观设计专利的图形或者照片中所展示的形状、图案及色彩进行比较，对比两者是否相同或相似。

案例链接 5-2

原告广州市××公司于 2003 年 4 月 18 日就"椅子（8 号）"向国家知识产权局申请外观设计专利，国家知识产权局于 2003 年 11 月 12 日授予外观设计专利权，专利号为 ZL03322782.9。2004 年 6 月 30 日，原告向广东省佛山市中级人民法院提起专利侵权诉讼，认为被告佛山市顺德区某装饰实业有限公司生产、销售的"2#椅面"产品侵犯其外观设计专利权。

法院认为，原告的专利权是经国家知识产权局依法授予的，在未经合法程序决定该权利无效之前，依法应受到保护，保护的范围以表示在图片或者照片中的该外观设计专利产品为准。将本案被控侵权产品"2#椅面"照片与原告的专利图片相对比，相同点为：（1）座板与靠背是连为一体的整体结构，连接处为光滑的弧线；（2）靠背与座板的边凸出，其中间是内凹的结构；（3）座板与靠背的四角是圆弧形状。区别点如下：（1）从主视图看，涉案专利的靠背上部较小，整个靠背宽度向上逐渐变窄，2#椅面的靠背上部较大、与座板部分的宽度基本相同；（2）从右视图看，涉案专利的靠背上部向后弯折并且逐渐向后减薄、座板的前部向下弯折并且逐渐向

---

❶ 参见北京市第二中级人民法院（2003）二中民初字第 6747 号民事判决书和北京市高级人民法院（2003）高民终字第 982 号民事判决书。

下减薄，2#椅面的靠背整体处于同一平面直线上并且厚度一致、座板的整体处于同一平面直线上并且厚度一致；（3）从仰视图看，涉案专利的底部设有两条凹槽、凹槽上设有四个螺孔，2#椅面的底面设有一个方形凸台、凸台的4个角位设有4个螺孔。综上，两者在外观设计上有一定的区别，不构成侵权，判决驳回原告的诉讼请求。

在上述案例中，将被告的产品与专利图片进行比较，发现其外观设计与专利图片有一定的区别，不构成侵权。

（三）专利侵权纠纷处理方式

根据《专利法》第六十条的规定，未经专利权人许可，实施其专利，即侵犯其专利权，引起纠纷的，由当事人协商解决；不愿协商或者协商不成的，专利权人或者利害关系人可以向人民法院起诉，也可以请求管理专利工作的部门处理。管理专利工作的部门处理时，认定侵权行为成立的，可以责令侵权人立即停止侵权行为，当事人不服的，可以自收到处理通知之日起15日内依照《行政诉讼法》向人民法院起诉；侵权人期满不起诉又不停止侵权行为的，管理专利工作的部门可以申请人民法院强制执行。进行处理的管理专利工作的部门应当事人的请求，可以就侵犯专利权的赔偿数额进行调解；调解不成的，当事人可以依照《民事诉讼法》向人民法院起诉。

从上面法律规定可以看出，专利侵权纠纷解决方式主要有当事人协商解决、请求管理专利工作的部门（通常为市知识产权局）处理、提起民事诉讼3种。

二、调查、收集证据

（一）专利侵权证据

专利侵权证据主要包括：（1）权利证据即证明其专利权真实有效的文件，包括专利证书、权利要求书、说明书和最新专利年费缴纳凭证，提起侵犯实用新型和外观设计专利权诉讼的原告，被要求需要提交由国家知识产权局出具的专利权评价报告；（2）有关涉嫌侵权者情况的证据，包括其名称、地址、企业性质、注册资金、人员数量、经营范围等情况；（3）有关侵权事实证据，包括侵权物品的实物、照片、产品目录、销售发票、购销合同等；（4）有关侵权损害的证据，包括涉嫌侵权产品的销售量、销售时间、销售价格、销售成本及销售利润等。

（二）证据调查收集

证据调查、收集是一件复杂而技巧性很强的工作，专利权人应当在律师或专利代理人帮助下，围绕专利侵权构成要件的证明要求，力求收集各种客观、合法、有力的证据。

为了增强上述证据的证明力，专利权人还可以请求公证人员如实对专利权人取得的上述证据和取证过程进行公证。对于专利权人自身难以取得的一些证据，在符合法律规定的情况下，还可以申请法院调查取证或通过证据保全等方式取证。

需要强调的是，证据的调查、收集工作对于维权的最终结果会产生关键的影响，因此专利权人需要高度重视证据调查收集工作，"磨刀不误砍柴工"。如果在证据不足的情况下贸然起诉，可能效果会适得其反。

案例链接 5 – 3

诺基亚公司诉广州市 A 公司侵犯其手机外壳外观设计专利纠纷一案，被中国外商投资企业协会优质品牌保护委员会（QBQC）评选为"2004～2005 年度中国知识产权保护最佳案例奖"，并入选广东省"2004 年十大知识产权典型案例"。

该案案情：2001 年，诺基亚公司发现广州市 A 公司大量仿制其拥有外观设计专利的手机外壳，2002 年诺基亚公司通过有关部门对 A 公司进行了查处，当时 A 公司进行了赔偿，并承诺不再侵权。此后，诺基亚公司经监控发现 A 公司仍在大量持续地进行侵权，为此诺基亚公司委托律师和专利代理人，经过长达一年的调查取证，在掌握了确切证据的基础上，于 2004 年 11 月 12 日向广州市知识产权局提出处理专利纠纷的请求，并提交了证明被请求人（A 公司）实施了侵权行为的公证书。请求事项为责令被请求人立即停止生产和销售侵权产品，销毁侵权产品和模具，赔礼道歉，赔偿经济损失，责令被请求人出具书面保证。广州市知识产权局立案受理后，对被请求人生产经营场地进行了现场勘验，发现了被控侵权的产品以及部分生产模具。案件处理期间，广州市知识产权局组织双方当事人进行了多次调解，于 2004 年 12 月 29 日达成如下和解协议：被请求人尊重请求人的专利权，并对生产、销售涉嫌侵犯上述专利权产品的行为表示歉意；被请求人补偿请求人人民币 10 万元；被请求人承诺在请求人专利权有效期内不生产、销售上述涉嫌侵犯专利权的产品，也不委托他人生产、销售上述涉嫌侵权产品；如被请求人违反承诺，按不少于本次补偿额的 50 倍进行赔偿；被请求人的生产模具、库存涉嫌侵权产品，由广州市知识产权局监督销毁；被请求人删除所有有关网页上涉嫌侵权产品的宣传，请求人不再追究被请求人本次纠纷的责任。

据办理该案的律师介绍，证据是决定案件成败的关键。该案由于被请求人曾经被查处过，警惕性很高，因此取证难度很大。请求人代理律师精心布置，经过长达一年的取证时间，充分掌握了对方的具体情况，而且还进行了公证取证，取得的确凿证据对证实对方的侵权行为起了关键作用。

三、发警告函

（一）警告函的概念与作用

专利权人侵权警告函（以下简称"警告函"）是指专利权人在发现市场上存在侵犯其专利权的现象时，通过律师以律师函或自己以发布广告的方式向侵权人或侵权人的交易方发出侵权警告，指出侵权对象、法律后果、主张请求的法律函件。

警告函的直接作用在于制止被告知方的侵权行为，同时侵权警告函还有以下作用：（1）迅速保护企业市场；（2）降低维权成本；（3）产生有利的法律效果；（4）有助于专利侵权诉讼中赔偿计算。

警告函的不足之处在于容易打草惊蛇，被对方以捏造、散布虚伪事实，损害竞争对手的商业或商品信誉，构成不正当竞争为由提起诉讼，也可能增加调查取证的难度。另外，对方还可能提起"确认不侵权之诉"争取有利己方的管辖权，造成权利人的被动。

（二）判断是否要发送警告函

发送警告函并非必经程序，企业应该根据自身条件和实际案情，参考各方面利弊，选择是否需要发送警告函。企业运用警告函的判断：（1）企业资金不够充裕，侵权行为损害不大、不急迫的，可以选择发送警告函；（2）企业资金实力雄厚，并且经评估认为公力救济不可避免时，可以不发送警告函；（3）侵权人可能随时转移财产、销毁关键证据时，可以不发送警告函，直接起诉；（4）已临近诉讼时效截止日期，尚未完全做好诉讼准备，可以选择发送警告函以中断诉讼时效。

（三）警告函的内容和发送方式

警告函并无特殊的格式及内容要求，但作为一种行使请求权的法律文件，必须包括一些法律要件：（1）发送者与被发送者姓名或名称；（2）专利权的基本信息（如专利号、专利名称等）；（3）侵权事实的描述；（4）具体、明确的请求内容，比如停止侵权、赔偿损失等。具体样式见案例链接5-4。

警告函可能会成为诉讼中的重要证据，故应当以有效的方式对警告函予以证据形式的固化。最保险的做法是通过公证的方式确定警告函的内容以及发出途径。为了确保对方收到警告函，最常见的发送途径是挂号信或有签收的快递。

案例链接5-4

××××律师事务所的警告函范例。

律师声明

××××律师事务所是依据中华人民共和国法律设立的合法律师事务所（机构号××××××××××××××），经××公司授权，本所指派××律师（执业证号××××××××××），针对目前市场上目前所销售的××系列（见附图）产品外观，向所有侵犯知识产权的单位、个人以及××××有限公司授权登载我方专利产品的媒体，提出如下警告：

××公司于××××年××月××日向中华人民共和国国家知识产权局申请了外观设计专利，国家知识产权局已经批准了我司的专利申请，××××年××月××日并取得《专利证书》，证书号为：×××××××××。

侵权方所销售的产品，一种是和我方完全一致，一种是作些小的改动，比如××××，但是主体部分系抄袭仿冒我方专利要保护的主体重点创新部分，如××××等。专利权人要求侵权方立即停止广告，抄袭和销售等侵权行为。否则，我方将保留侵权方涉嫌侵犯专利权的有关证据，请求管理专利工作的部门处理或者向人民法院起诉，由此产生的一切法律后果，均由侵权方承担。

本函附：1. 委托书一份；

2. 委托人联系方式一份；

3. 发函律师联系方式一份。

××××律师事务所

律师：×××

××××年××月××日

四、与侵权人协商解决

发生了专利侵权纠纷，如果在不超过企业底线的情况下，能与对方协商达成一致，也可采用协商解决这种方式。

（一）协商谈判前的准备

专利权人一般聘请专利代理人或律师作为委托代理人参与协商谈判过程。在协商谈判前，应与专利代理人或律师进行沟通，确定专利权人的权利要求、妥协让步的底线、谈判策略。然后，应与侵权人就谈判的时间、地点、参加人员以及谈判方式进行沟通达成一致。另外，还要准备好谈判场所及谈判所需的材料。

（二）协商谈判

专利权人在协商谈判过程中，应按预先确定的谈判策略展开，在不突破本方底线的前提下，努力与侵权方达成协议，争取本方的权利。

（三）签订相关协议

专利权人应在专利代理人或律师的帮助下，在谈判过程确定协议的内容条款，双方在协议上签名盖章。

五、请求管理专利工作的部门处理或调解

（一）请求管理专利工作的部门处理

对于专利侵权案件，自行协商不成的，专利权人可以请求当地管理专利工作的部门处理。一般当地的知识产权局是管理专利工作的部门，其处理专利纠纷的流程和注意事项如下。

1. 立案条件

（1）请求人是专利权人或者利害关系人。

（2）有明确的被请求人、请求事项和具体事实、理由及相关证据。

（3）属于管理专利工作的部门的管辖范围。

（4）涉案专利权真实有效，提出请求时没有超过法定时效。

（5）当事人没有就该专利侵权纠纷向人民法院起诉。

2. 办理流程

资料卡片 5-1

请求管理专利工作的部门处理专利纠纷的流程主要包括请求人提出请求、管理专利工作的部门立案、被申请人提供答辩书、管理专利工作的部门根据需要进行口头审理、管理专利工作的部门制作调解书和处理决定书，具体流程如图 5-1 所示。通常管理专利工作的部门是指国家知识产权局及各地知识产权局。

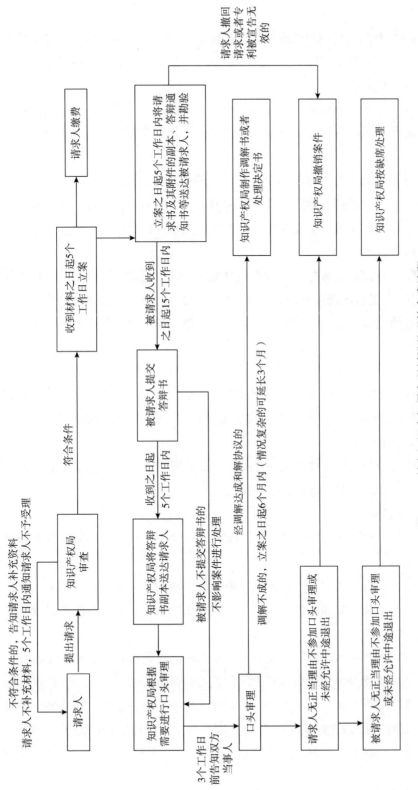

图 5 - 1 某市知识产权局专利纠纷处理的办案流程

3. 提交材料

（1）专利侵权纠纷处理请求书。按统一的格式填写请求书，并根据被请求人数提交副本；请求书均需加盖请求人公章或签名，不得委托他人代签，不得提交复印件。

（2）请求人身份证明文件（复印件需与原件核对无误），包括登记证明（营业执照副本）复印件、法定代表人身份证明复印件、个人身份证复印件。

（3）专利文件（复印件需与原件核对无误），包括专利证书复印件、专利文献（公告页、附图、权利要求书、说明书等）复印件、法律状态证明（当年缴纳年费发票或专利检索报告）复印件，必要时可以要求出具专利登记簿副本。

（4）涉嫌侵权证据（需提交原件或复印件，提供复印件的需与原件核对无误），包括涉嫌侵权样品（涉嫌侵权产品），生产、使用、销售涉嫌侵权产品的证据（如销售发票、收据、报价单、产品宣传广告材料、生产任务单、出仓单、公证书等）。

（5）被请求人的工商登记资料。

（6）需委托代理人的要提供授权委托书。授权委托书需记明代理权限（如代为参加调处、签署有关文件、进行和解、增加或放弃请求事项等）。

4. 缴纳费用

管理专利工作的部门对处理专利纠纷依照相关规定和标准要收取的一定费用，请求人在申请时要缴纳相关费用。

5. 处理过程

管理专利工作的部门在办案过程中，可以依法行使下列职权开展调查工作：

（1）询问有关当事人，调查与涉嫌侵犯他人专利权有关的情况。

（2）查阅、复制当事人与侵权活动有关的合同、发票、账簿以及其他有关资料。

（3）对当事人涉嫌从事侵犯他人专利权活动的场所实施现场检查。

（4）检查与涉嫌侵犯专利权活动有关的物品。

管理专利工作的部门可以根据案情需要决定是否进行口头审理。管理专利工作的部门处理行政裁决案件，应当在受理案件之日起 6 个月内审结。有特殊情况需要延长的，经管理专利工作的部门负责人批准，可以延长 3 个月。

6. 处理结果

经管理专利工作的部门审理，如果调解达成和解协议，该部门将制作调解书；如果调解不成的，该部门将作出处理决定。当事人对管理专利工作的部门作出的处理决定不服的，可以自收到处理决定书之日起 15 日内依照《行政诉讼法》向有管辖权的人民法院起诉。

案例链接 5-5

下面是××市知识产权局处理的一个案例。

"文胸包装内盒"专利侵权纠纷案

请求人柯某拥有专利号为 ZL200830047150.3、名称为"文胸包装内盒"的外观设计专利，被请求人为李某（××市某制衣厂业主）。2008 年 10 月，请求人与被请求人因专利侵权纠纷向××市知识产权局提出专利侵权纠纷处理请求。

××市知识产权局立案后，到被请求人经营场所进行现场勘验。在被请求人的车间和仓库发现存有被控文胸包装内盒 5000 个、已装配被控文胸包装内盒的"波动挺美体内衣"成品 14088 个，执法人员对有关证据进行了拍照和登记。根据请求人的请求，执法人员对上述装配有被控文胸包装内盒的"波动挺美体内衣"进行了就地封存。

被请求人辩称：被控产品文胸包装内盒的制造商是广州市某印业有限公司，并提供了送货单，以此证明被请求人从广州市某印业有限公司购进文胸包装内盒。

××市知识产权局查明：请求人于 2008 年 4 月 24 日向国家知识产权局申请了名称为"文胸包装内盒"的外观设计专利，并于 2008 年 8 月 6 日获得授权，专利号为 ZL200830047150.3，该专利真实有效。

被控文胸包装内盒由两个透明部件组成，组件 1 为类似文胸两个杯罩的多面体；组件 2 为一平台中轴线上设有两个分离的对称的突起，突起由一个有三条竖直线条的平面和一个弧面相交而成半封闭立体；与上述专利权的图片比较，完全覆盖了该专利权的保护范围。因此，被控文胸包装内盒属于与本案外观设计专利相近似的设计，落入了该外观设计专利的保护范围。

××市知识产权局认为：请求人的 ZL200830047150.3 号外观设计专利真实有效，应当受到法律保护。该外观设计专利权的保护范围以表示在图片或者照片中的该外观设计专利产品为准。被控文胸包装内盒属于与本案外观设计专利相近似的设计，落入了该外观设计专利的保护范围。被请求人辩称被控产品不是其制造的，经审查，证据不足。故被请求人未经专利权人许可，在请求人拥有的 ZL200830047150.3 号外观设计专利有效期内，制造、销售了与上述外观设计专利相近似的产品，构成侵犯专利权，应当承担相应的法律责任。对于请求人请求责令被请求人赔礼道歉的请求，超出了知识产权局的职能范围，不予支持。

2008 年 12 月，××市知识产权局根据《专利法》第十一条第二款、第五十六条第二款、第五十七条第一款规定和《广东省专利保护条例》第三十一条规定，作出以下处理决定：

一、责令被请求人立即停止侵权行为，即停止制造、销售与 ZL200830047150.3 号外观设计专利相近似的文胸包装内盒。

二、责令被请求人销毁装有与 ZL200830047150.3 号外观设计专利相近似的文胸包装内盒 19088 个。

2009 年 5 月，××市知识产权局到被请求人经营地点对被封存的物品进行解封，并销毁已解封的物品。

（二）请求调解

请求调解的程序与请求处理程序基本差不多。

资料卡片 5 - 2

请求管理专利工作的部门调解专利纠纷的流程主要包括请求人提出请求、管理专利向被请求人送达请求副本、被申请人提供陈述书、管理专利工作的部门立案、管理专利工作的部门制作调解书等程序，具体流程如图 5 - 2 所示。

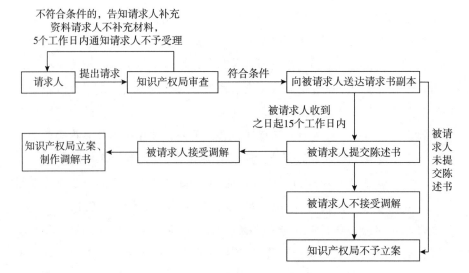

图 5 - 2　某市知识产权局专利纠纷调解流程图

请求知识产权局调解有关事项的，应当提交书面请求，调解请求书应当载明以下内容：

（1）请求人的姓名或者名称、地址、联系方式，法定代表人或者主要负责人的姓名、职务、联系方式；委托代理人的，代理人的姓名、地址、联系方式；

（2）被请求人的姓名或者名称、地址和联系方式；

（3）请求调解的具体事项、依据的事实和理由。

当事人经调解达成协议的，知识产权局应当制作调解协议书，由双方当事人签字、盖章，并加盖行政部门公章；未能达成调解协议或者当事人一方表示不同意继续调解的，知识产权局应当以撤销案件的方式结案，并通知双方当事人。

当事人对专利行政调解不服或者调解不成的，可以依照《中华人民共和国民事诉讼法》向有管辖权的人民法院起诉。

资料卡片 5 - 3

专利侵权纠纷行政救济途径除了直接请求管理专利工作的部门调解或处理外，还可以通过以下途径来进行维权：

（1）向知识产权快速维权中心请求维权。在国家知识产权局指导下，在全国的一些产业集聚地区建立了知识产权快速维权中心，为区域内的企业提供快速知识产权申请、授权、维权的绿色通道。据国家知识产权局2015 年 7 月 29 日发布的消息显示，自 2012 年底启动知识产权快速维权工作以来，中山（灯饰）、南通（家纺）、北京朝阳（设计服务业）、杭州（制笔）、东莞（家具）、顺德（家电）等 6 家知识产权快速维权中心积极配合开展专利快速审查和快速确权工作，并结合本地区产业特点，建立了各具特色的知识产权快速维权机制，为企业技术创新和集聚产业发展提供了支撑。截至 2015 年 7 月 29 日，6 家中心配合国家知识产权局开展外观设计专利审查预审，累计受理外观设计专利近 6500 件，配合地方知识产权局调解专利侵权纠纷案件 1500 余件。

（2）通过 12345 消费投诉举报平台进行投诉。各级政府和职能部门都开通了大量政务服务和投诉举报热线，方便了市民的政务咨询、投诉举报等各类民生诉求，但同时也存在服务热线过多，且分散、杂多，不方便记忆，跨部门问题难以协调，缺乏统一的服务标准和考核评价机制等问题。因此，目前已经设立统一的 12345 消费投诉举报平台。例如，截至 2014 年底，广东省全省 21 个地级市以上的 12345 投诉举报平台已全部开通，在全国率先实现了消费维权和经济违法行为监督"一线通"。专利侵权投诉也可以通过 12345 消费投诉举报平台进行。

六、向人民法院提起民事诉讼

在专利纠纷中，协商不成的专利权人可以直接向人民法院提起民事诉讼，或者在请求管理专利工作的行政部门处理后不服处理决定的，也可以向人民法院提起民事诉讼，提起民事诉讼的流程如图 5 - 3 所示。

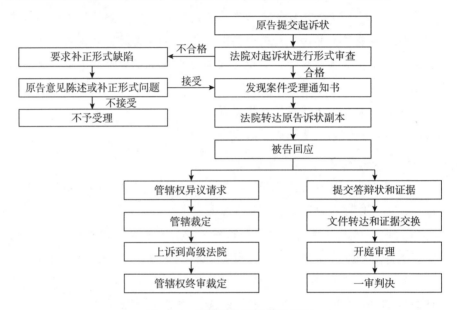

图 5 - 3　提起民事诉讼的流程图

（一）诉讼前的准备工作

1. 咨询专利代理人或律师意见

在专利侵权诉讼前，专利权人应咨询专利代理人或律师意见，确定是否提起诉讼，选择被告，选择管辖法院，明确诉讼请求。

专利权人应当在提起诉讼之前，自行或委托专利代理人认真检索及调查现有技术，在此基础上分析专利被宣告无效的可能性大小。如果通过检索和分析，认为专利权可能被宣告无效，就要谨慎使用提起诉讼方式，可以考虑通过与对方谈判，适当降低赔偿要求或许可使用费数额，达到既保全专利权又获得适当赔偿的目的。

在提起侵权诉讼之前，专利权人要调查侵权者的具体情况，选择法律主体资格适格且具有赔偿能力的被告，具体工作可以由委托专利代理人或律师代为处理。另外，可以以侵权证据最充分、侵权获利数额较明确并且实力不强的侵权者作为被告，这样一方面能够提高侵权诉讼胜诉的可能性，另一方面如果取得一个胜诉的判决，将对后续的系列诉讼（针对其他侵权人的起诉）起到非常积极的作用。

在司法实践中，为了减少案外因素的干扰，通常是对侵权行为进行分析后，选择相关司法经验丰富和日后判决容易执行的侵权行为地法院起诉。

资料卡片 5-4

管辖权（Jurisdiction）是指法院对案件进行审理和裁判的权力或权限。

根据相关司法解释规定，专利纠纷第一审案件由各省、自治区、直辖市人民政府所在地的中级人民法院以及最高人民法院指定的部分中级人民法院管辖。另外，最高人民法院还指定了少量试点基层人民法院管辖专利纠纷第一审案件。

目前，我国在北京、上海和广州设立了知识产权法院。知识产权法院管辖所在市辖区内的下列第一审案件：（1）专利、植物新品种、集成电路布图设计、技术秘密、计算机软件民事和行政案件；（2）对国务院部门或者县级以上地方人民政府所作的涉及著作权、商标、不正当竞争等行政行为提起诉讼的行政案件；（3）涉及驰名商标认定的民事案件。

广州知识产权法院对广东省内涉及上述第（1）项和第（3）项规定的案件实行跨区域管辖。北京市、上海市各中级人民法院和广州市中级人民法院不再受理知识产权民事和行政案件。广东省其他中级人民法院不再受理上述第（1）项和第（3）项规定的案件。北京市、上海市、广东省各基层人民法院不再受理本规定第一条第（1）项和第（3）项规定的案件。

当事人对知识产权法院所在市的基层人民法院作出的第一审著作权、商标、技术合同、不正当竞争等知识产权民事和行政判决、裁定提起的上诉案件，由知识产权法院审理。当事人对知识产权法院作出的第一审判决、裁定提起的上诉案件和依法申请上一级法院复议的案件，由知识产权法院所在地的高级人民法院知识产权审判庭审理。

另外，在地域管辖上，因侵犯专利权行为提起的诉讼，侵权行为地法院以及被告住所所在地法院都有权管辖。原告仅对侵权产品制造者提起的诉讼而未起诉销售者，侵权产品制造地与销售地不一致的，制造地人民法院有管辖权；以制造者与销售者为共同被告起诉的，销售地人民法院也有管辖权。销售者是制造者分支机构，原告在销售地起诉侵权产品制造者制造、销售行为的，销售地人民法院也有管辖权。

2. 委托专利代理人或律师

专利侵权诉讼比一般的民事诉讼复杂得多，专利权人一般都会聘请专利代理人或专利诉讼经验丰富的律师作为委托代理人参与专利侵权诉讼，并要签订委托代理合同。

3. 准备提起专利侵权诉讼所需提交的资料

提起民事诉讼，需要向法院提交起诉状、原告主体资格证明、起诉证据等材料。委托代理人代理原告提起民事诉讼的，还应提交委托代理资格证明。

（1）起诉状。一般民事起诉状由三部分构成：抬头部分，主要写明原被告的基本情况，原被告是公民的应该写明姓名、年龄、身份证号码、工作单位、现住址等信息；原被告是单位的应该写明单位名称、地址、法定代表人、联系方式等；如果存在代理人，还应注明代理人的基本信息。诉讼请求部分，在这部分要清楚地写明原告请求人民法院给予司法救济的具体事项。事实与理由部分，这部分最为重要，需要原告对对方侵权的事实、依据的法律法规等事项进行阐述，以支持自己的诉讼请求。

在专利侵权诉讼中，专利权人一般委托律师或专利代理人来填制专利侵权民事诉状。起诉书需要准备正本一份，并按被告人数准备副本。

（2）原告主体资格证明。企业作为专利权人提起诉讼，原告主体资格证明主要指：营业执照原件（副本）和复印件、法定代表人身份证复印件和原件。

（3）证据材料。专利侵权诉讼证据材料主要包括：专利证书、权利要求书、说明书和最新的专利年费缴纳凭证，提起侵犯实用新型专利权诉讼的原告，应当提交由国务院专利行政部门出具的专利权评价报告（或检索报告）；侵权物品的实物、照片、产品目录、销售发票、购销合同等材料；涉嫌侵权产品的销售量、销售时间、销售价格、销售成本及销售利润等证明材料。

（二）向法院提交起诉状和相关材料提起诉讼

专利权人自行或委托代理人向法院提交规定份数的起诉讼状和其他材料，并按照规定缴纳案件受理费。

（三）法院进行形式审查

接到原告的起诉后，法院对原告提交的材料是否符合要求进行审查，以决定是否受理。法院在受理案件时，先审查材料本身是否合格，如果不合格应通知原告补正。然后，法院再审查是否符合《民事诉讼法》对起诉的规定：（1）原告是与本案有直接利害关系的公民、法人和其他组织；（2）有明确的被告；（3）有具体的诉讼请求和事实、理由；（4）属于法院受理民事诉讼的范围和受诉法院管辖。法院经审查认为符合起诉条件的，应当在 7 日内立案并通知当事人，并将起诉状副本转达给被告；认为不符合立案条件的，应当在 7 日内作出不予受理的裁定。

（四）被告提交答辩状和相关证据

被告在收到起诉状副本后，如果对法院的管辖权有异议，应在答辩期内向人民法院提出管辖权异议请求，人民法院审查后作出管辖权裁定。如果对管辖权裁定不服，还可以向上一级人民法院提起上诉，高级人民法院作出终审管辖裁定。如果法院管辖权异议成立，案件将转送到有管辖权的法院审理。接下来，被告应向法院提交答辩状和相关证据。

（五）法院进行文件转达和组织证据交换

开庭审理之前，在人民法院的主持下，当事人之间相互明示并传递其持有的证据，以便双方当事人相互了解证据信息，明确诉讼争论的焦点。在证据交换过程中，当事人要携带证据的原件，并交由对方进行审核，以确定证据的真实性和有效性，这时诉讼双方当事人都可以针对对方当事人的证据的真实性和有效性进行评述，发表己方的观点。人民法院会针对双方具有争议的证据进行记录，对双方不存在争议的证据，在开庭审理时，就不再审查。

（六）开庭审理

开庭审理一般通过法庭调查和辩论，审查核实证据，查明案件事实，正确适用法律，确认当事人之间的权利义务关系，由法院作判决。

依照《民事诉讼法》第一百四十九条的规定，人民法院适用普通程序审理的案件，应当在立案次日起 6 个月内审结；有特殊情况需要延长的，由本院院长批准，可以延长 6 个月；还需要延长的，报请上级人民法院批准。按照《最高人民法院关于适用〈中华人民共和国民事诉讼法〉的解释》第二百四十三条的规定，审结期限是指从立案的次日起至裁判宣告、调解书送达之日止的期间，但公告期间、鉴定期间、双方和解期间、审理当事人提出的管辖异议以及处理人民法院之间的管辖争议期间不应计算在内。

（七）上诉

当事人对一审判决不服，可以再向上一级人民法院上诉，上一级人民法院作出的二审判决即为终审判决。

案例链接 5-5

浙江迪克森电器有限公司（以下简称"迪克森公司"）拥有专利号为ZL20081021×××.8，专利名称为"一种开合式电流互感器"的发明专利，该专利于2008年9月12日提出申请，于2010年9月8日获得授权。该专利至今有效。迪克森公司在市场上调查发现乐清市某有限公司（以下简称"某公司"）无视法律规定，未经迪克森公司同意，以生产经营为目的，擅自实施专利，即非法制造、使用、销售、许诺销售的DP系列互感器侵犯涉案专利，牟取非法利益。某公司的侵权行为导致迪克森公司专利产品的供货量和价格都明显下降。迪克森公司向温州市中级人民法院提起诉讼，状告某公司侵犯其专利权，请求：（1）判令被告立即停止制造、使用、销售、许诺销售侵权产品，销毁库存的侵权产品和半成品以及销毁模具；（2）判令被告赔偿原告经济损失100万元；（3）本案一切诉讼有关费用由被告承担。

某公司辩称：（1）被告实施的技术属于现有技术，在原告申请日之前已经为国内外公众所知的技术，不构成侵犯原告的发明专利权；（2）原告的发明也属于不具有创造性、新颖性，不符合《专利法》第二十二条授予专利权的条件；（3）即使被告专利不属于现有技术，被告的被控产品与原告专利也有多处不一致，不落入原告专利保护范围。原告将现有技术恶意申请为专利权，其自身取得专利权后，通过诉讼或其他手段排挤同行，达到独占市场份额的目的。综上，请求驳回原告的全部诉讼请求。

2012年2月27日，某公司针对涉案专利向专利复审委员会提起无效宣告请求。2012年9月26日，专利复审委员会作出维持涉案专利有效的决定。

最后，法院经审理，作出一审判决如下：

一、被告某公司于本判决生效之日起停止侵害原告迪克森公司ZL20081021×××.8号发明专利权之制造、销售、许诺销售行为，并销毁库存的侵权产品和半成品。

二、被告某公司于本判决生效之日起10日内赔偿原告迪克森公司经济损失13万元。

三、驳回原告迪克森公司的其他诉讼请求。

某公司不服判决，向浙江省高级人民法院提起上诉，二审维持原判。

综合上述，处理专利侵权纠纷的这三种方式的优劣势比较如表5-4所示。

表 5 - 1　专利侵权纠纷处理的 3 种方式的比较

方式	速度	保护效力	综合成本
当事人协商解决	最快	最低	最低
请求管理专利工作的部门处理	较快	较低	较低
提起民事诉讼	慢	高	较高

企业应结合自身的实力、专利侵权危害程度、维权的目的来选择适合企业的处理方式。

资料卡片 5 - 5

知识产权案件"三审合一"

"三审合一"是知识产权民事、刑事、行政案件统一集中审理的审判机制，其做法是将涉及知识产权的民事、刑事和行政案件全部集中到知识产权审判庭统一审理。如案件涉及刑事或行政诉讼的，则分别请刑事审判庭、行政审判庭的法官与知识产权庭法官共同组成合议庭审理。这是我国审判机制的一项重要改革。

与"三审合一"相对应的，是我国法院长期实行的"三审分立"审判机制。据了解，我国原有实行的知识产权案件审判体制的基本情形是三审分立，即知识产权民事案件由有管辖权的法院的民事审判第三庭（也称"知识产权审判庭"）审理，知识产权行政案件由行政审判庭审理，知识产权刑事案件由刑事审判庭审理。这种审判体制带来了知识产权案件审判的四大弊端：一是审判权限的交叉重叠；二是案件受理的冲突推诿；三是审判资源的闲置浪费；四是审理标准的宽严不一。

据介绍，知识产权案件中大部分的民事案件，因为具有特殊性，所以一般由中级以上法院管辖。个别的基层法院要经过最高人民法院的批准才能够审理一般知识产权民事纠纷案件。更为特殊的专利民事纠纷案件，只能由高级人民法院和少量的中级人民法院管辖，而有权审理植物新品种民事纠纷案件和集成电路布图设计民事纠纷案件只有高级人民法院和部分中级人民法院。但是，作为知识产权刑事和行政案件，一审的管辖权却归基层法院管辖，这就会在现实中造成一些混乱，尤其是刑事和民事交叉的案件，在审理时矛盾尤为突出。低审级的刑事管辖与高审级的民事管辖很有可能在现实中造成冲突。

为了克服这些弊端，我国将知识产权范围内的授权、确权类行政案件归口于知识产权审判庭，推行"三审合一"模式，成为解决上述弊端的先行措施。2009 年 3 月 23 日，最高人民法院公布的《最高人民法院关于贯彻实施国家知识产权战略若干问题的意见》就提出："积极探索符合知识产权特点的审判组织模式，……研究设置统一受理知识产权民事、行政和刑事案件的专门知识产权审判庭……"2012 年起，最高人民法院着力推进知识产权"三审合一"制度，设置专门的知识产权审判庭，统一受理知识产权民事、行政和刑事案件。并且，目前已经建立部分知识产权法院。但是，由于我国的法院体制改革涉及的理论和现实问题，知识产权法院的建立难以一步到位，需要循序渐进地推进。

本节要点

1. 专利侵权行为构成要件主要包括以下几个方面：（1）侵犯的专利必须是在我国享有专利权的有效专利；（2）存在未经许可擅自使用专利权人专利的行为；（3）实施行为以营利为目的；（4）实施的内容在专利权人的专利保护范围之内。

2. 专利侵权判定主要运用全面覆盖原则，即将被诉侵权的技术方案的技术特征与专利的技术特征进行对比，只要被诉侵权技术方案的技术特征包含了专利独立权利要求中所有的技术特征，即认定其落入了专利权的保护范围。

3. 发明或者实用新型专利权的保护范围以其权利要求的内容为准，说明书及附图可以用于解释权利要求的内容。

4. 外观设计专利权的保护范围以表示在图片或者照片中的该产品的外观设计为准，简要说明可以用于解释图片或者照片所表示的该产品的外观设计。

5. 专利侵权纠纷解决方式主要有当事人协商解决、请求管理专利工作的部门处理、提起民事诉讼 3 种。

第二节　涉嫌侵权人应对专利侵权纠纷

我国有些企业尤其是中小企业在生产经营过程中，由于知识产权意识淡薄，对于自身行为是否构成专利侵权缺乏足够的重视或存在侥幸心理，经常在接到被控侵权的警告函或者法院应诉通知书时才意识到问题的严重性。专利侵权纠纷中的被控侵权方在收到警告函或者法院应诉通知书后，应当冷静、及时应对。

一、回复警告函

专利侵权纠纷中的被控侵权方当事人收到警告函后，应当咨询专利代理人或律师意见，评估侵权是否成立，并根据评估结果采取适当的应对措施。如果侵权成立，则应积极与对方谈判，了解对方意图，力争达成和解，避免损失的扩大。期间可视情况通过专利无效宣告程序、寻求专利许可、转让或公司收购、反诉或者针对性地提出其他诉讼，或与其他企业战略联合采取行政、商业、司法、市场等手段使对方停止威胁。如果侵权不成立，则应当及时做好应诉准备，收集相应证据，同时向对方回函阐述己方认为不侵权的观点，尽量避免诉讼的发生。需要注意的是，回函阐述观点时不应将具体的抗辩理由、关键证据全盘托出，以防止日后在诉讼中处于被动。

二、应对管理专利工作部门的处理

涉嫌侵权人在接到管理专利工作的部门送达的请求书副本和答辩状时，应咨询专利代理人或律师的意见，评估是否侵权，然后确定应对策略。如果确定不侵权，应在专利代理人或律师的帮助下准备好答辩状，及时提交给管理专利工作的部门。如果确定侵权，应立即停止侵权，并主动和专利权人进行协商，尽力在不超越企业底线的前提下，与专利权人达成和解。如果未达成和解，也应积极配合管理专利工作的部门的调查。如果对管理专利工作的部门的处理决定不服，可以向人民法院提起行政诉讼。

三、应对专利侵权诉讼

涉嫌侵权人在接到法院转达的专利侵权诉状副本时，应首先咨询专利代理人或者律师意见，确定应对策略。

（一）咨询评估

首先，应咨询专利代理人或者律师，对以下事实进行评估：（1）被控侵权产品与被侵权的专利进行对比分析，评估是否侵权；（2）涉案专利是否有效；（3）侵权诉讼胜诉的可能性；（4）法律服务费用等直接诉讼成本和诉讼导致的订单和市场损失等。其次，可以视情况与原告方接触，了解对方的意图、底线。最后，评估自身的实力和资源。

综合以上咨询评估结果，考虑可能产生的诉讼成本和收益，确定应对的总体策略。如果经过评估，当前企业处于特殊时期，不能影响重要客户的信心，或者企业正在从事其他重要法律活动，必须避免侵权诉讼的发生，则应有理有节地回应原告方，同时展开谈判，尽量在能够承受的成本范围内达成和解。如果经过评估，不侵权抗辩胜诉可能性较大，但可能付出较大代价，例如可能因侵权风险而损失大量订单和造成损失，或者引发专利战，或者法律服务成本费用远远高于和解代价，则同样不宜贸然选择进行诉讼，而应积极探寻解决问题的非诉途径。若经过评估，认为确实极有可能被认定为专利侵权，且涉案专利相对稳定，则一般应立即停止侵权行为，撤出相关市场。但是，如果由此造成的损失极大甚至对企业的生存造成实质影响，则被控侵权企业一方面应当做好尽可能充分的应诉准备，另一方面以最大努力及诚意促进和谈，争取以代价最低的和解条件达成和解。

（二）和解

民事诉讼中的和解是指双方当事人在诉讼进行中，自己进行协商，达成协议，解决纠纷，结束诉讼的一种活动。涉嫌侵权人在评估结果显示诉讼明显不利的情况下，应积极与原告方进行协商谈判，尽量在能够承受的成本范围内达成和解。

如果双方协商达成一致，一般会签订和解协议书。原告向法院出示和解协议书，申请撤回起诉，法院审查后决定准许撤回起诉，诉讼程序终止。

（三）应诉

1. 确定抗辩理由

涉嫌侵权人应在专利代理人或律师的帮助下，确定抗辩理由，主要抗辩理由有：

（1）专利权无效抗辩。如果涉案专利被专利复审委员会认定为无效，则原告方的起诉失去了权利依据，侵权自然不成立。但此处必须注意的是，专利复审委员会的决定并非最终裁决，其后可以经法院进一步审理。

（2）现有技术抗辩。《专利法》第六十二条规定，在专利侵权纠纷中，被控侵权人有证据证明其实施的技术或设计属于现有技术或现有设计的，不构成侵犯专利权。现有技术抗辩中，涉及原告专利、被控技术和引证技术（现有技术）3个对象。被告可以直接将被控技术与现有技术进行对比，如果属于现有技术，则抗辩成功，也可以先将被控技术与原告专利进行对比，主张未落入保护范围，再进行现有技术抗辩，但切忌直接将原告专利与现有技术进行对比以主张原告专利属于现有技术。

现有技术抗辩与专利权无效抗辩的主要区别在于，现有技术抗辩并不提起专利权的无效宣告请求，而只是证明被控技术属于现有技术。

（3）主张未落入专利保护范围。被控技术未落入专利保护范围则不构成专利侵权行为。

（4）其他还有多种策略可以根据实际情况运用。例如，诉讼时效抗辩。根据《专利法》的规定，侵犯专利权的诉讼时效为 2 年，自专利权人或利害关系人得知或应该得知侵权行为之日起计算；如果是连续的侵权行为，则从侵权行为结束之日起算。涉案侵权人应当积极搜集当事人"知道"或"应当知道"侵权行为的具体日期证据，并判断其与提起诉讼的日期间隔是否超过 2 年，如果超过 2 年就可以此为理由提出抗辩。又如，专利权用尽抗辩。根据《专利法》第六十九条规定，专利产品或者依照专利方法直接获得的产品，由专利权人或者经其许可的单位、个人售出后，使用、许诺销售、销售、进口该产品的行为，不视为侵犯专利权。再如，先用权抗辩。根据《专利法》第六十九条的规定，在专利申请日前已经制造相同产品、使用相同方法或者已经作好制造、使用的必要准备，并且在原有范围内继续制造、使用的行为，不视为侵犯专利权。运用先用权抗辩时，必须证明申请人提出专利申请以前，被控侵权人已经制造相同的产品、使用权用相同的方法或者已经作好制造、使用的准备，并且继续使用必须限于原有的范围之内，超出这一范围的制造、使用行为构成侵犯专利权。

除了以上几种抗辩理由之外，还可以运用临时过境、科学研究与实验使用、诉讼主体资格等抗辩理由。

2. 请求管辖权异议

涉嫌侵权人接到法院转达的专利侵权诉状副本时，如果对管辖权有异议，应当在提交答辩状期间（被告自收到起诉状副本之日起 15 日内）向法院提出管辖区异议。逾期提出的，人民法院不予审议。

人民法院对当事人提出的异议，应当审查。经过审查，当事人对管辖权的异议成立的，受诉法院应当作出书面裁定，将案件移送有管辖权的法院。异议不成立的，裁定予以驳回。裁定书应当送达双方当事人。当事人对受诉法院的裁定不服的，在 10 日内有权向上一级法院提出上诉。在二审法院确定该案的管辖权以后，就应当按照人民法院的通知参加诉讼。

3. 提交答辩状或证据

涉嫌侵权人接到法院转达的专利侵权诉状副本之日起 15 日内，提交答辩状和证据。涉嫌侵权人一般委托专利代理人或律师来准备答辩状和相关证据材料。

4. 法院进行文件转达和组织证据交换

5. 开庭审理

6. 上诉

以上4、5、6的程序与第一节中向人民法院提起民事诉讼程序一样，此处不再赘述。

案例链接 5 - 6

2009年11月，王某向国家知识产权局提出包括护腕、护腰、护腿等部件的"护体套装"的外观设计专利申请，并于2010年8月被授予专利权。一年后，王某在某商店内发现有出售该"护体套装"中的护腰，其认为货主哈某侵犯了该项外观设计专利权，遂向西安市中级人民法院提起诉讼，要求哈某停止生产、销售并赔偿10万元的损失。哈某对销售相关事实并未否认，但提交了2008年12月的博客和2009年个人相册的公证书，主张在王某申请外观设计专利之前已经使用了该护腰的照片。西安市中级人民法院经过审理，在认定以下两点的基础上驳回了王某的相关主张：（1）根据王某被授予的外观设计的简要说明书，护腕、护腰、护腿等有各自独立的照片说明，可以单独作为外观设计专利的保护对象。（2）根据哈某提交的公证书，该护腰的外观设计在王某申请专利之前业已存在，属于"现有设计"。

在该案中涉嫌侵权人积极应诉，并成功地利用"现有设计抗辩"获胜。

本节要点

1. 专利侵权纠纷中的被控侵权方当事人收到警告函后，应咨询专利代理人或者律师，对以下事实进行评估：（1）被控侵权产品与被侵权的专利进行对比分析，评估是否侵权；（2）涉案专利是否有效；（3）侵权诉讼胜诉的可能性；（4）法律服务费用等直接诉讼成本和诉讼导致的订单和市场损失等。然后，根据评估结果采取相应的策略。

2. 专利侵权纠纷中的被控侵权方当事人收到警告函后，应当咨询专利代理人或律师意见，评估侵权是否成立，并根据评估结果采取适当的应对措施。

3. 涉嫌侵权人在接到管理专利工作的部门送达的请求书副本和答辩状

时，应咨询专利代理人或律师的意见，评估是否侵权，然后确定应对策略。如果对管理专利工作的部门的处理决定不服，可以向人民法院提起行政诉讼。

4. 涉嫌侵权人在评估结果显示诉讼明显不利的情况下，应积极与专利权人进行协商谈判，尽量在能够承受的成本范围内达成和解。

5. 涉嫌侵权人如果决定应诉，则应和专利代理人或律师一起商定抗辩理由，并积极准备支持抗辩理由的证据。主要的抗辩理由有专利权无效抗辩、现有技术抗辩、主张未落入保护范围抗辩等。

6. 当事人对一审判决不服，可以向上一级人民法院上诉，上一级人民法院作出二审判决即为终审判决。

第三节 假冒专利行为的应对

在企业专利实务中，经常遇到他人假冒专利的现象，对企业的市场造成较大的不良影响，企业应积极利用各种行政救济或司法救济方式来应对。另外，有些企业因缺乏对假冒专利的认识，在产品包装上使用不当专利标识等，也会引起不必要的麻烦。

一、假冒专利行为

《专利法实施细则》第八十四条规定：

"下列行为属于专利法第六十三条规定的假冒专利的行为：

（一）在未被授予专利权的产品或者其包装上标注专利标识，专利权被宣告无效后或者终止后继续在产品或者其包装上标注专利标识，或者未经许可在产品或者产品包装上标注他人的专利号；

（二）销售第（一）项所述产品；

（三）在产品说明书等材料中将未被授予专利权的技术或者设计称为专利技术或者专利设计，将专利申请称为专利，或者未经许可使用他人的专利号，使公众将所涉及的技术或者设计误认为是专利技术或者专利设计；

（四）伪造或者变造专利证书、专利文件或者专利申请文件；

（五）其他使公众混淆，将未被授予专利权的技术或者设计误认为是专利技术或者专利设计的行为。

专利权终止前依法在专利产品、依照专利方法直接获得的产品或者其包装上标注专利标识，在专利权终止后许诺销售、销售该产品的，不属于假冒专利行为。

销售不知道是假冒专利的产品，并且能够证明该产品合法来源的，由管理专利工作的部门责令停止销售，但免除罚款的处罚。"

此处需要提醒大家注意的是，专利标识不正确、把尚未授权或已经失效的专利标识为专利的行为是经常发生的假冒专利行为，有些是因为企业疏忽所致，应严格管理，规范专利标识行为，以免招来不必要的处罚。

二、应对他人假冒专利行为

（一）向管理专利工作的行政部门举报

企业如果发现他人假冒专利的行为对自己产品市场造成影响的，可以向管理专利工作的行政部门进行举报，举报时要提交假冒专利举报书。

对经查属实的假冒专利行为，由管理专利工作的行政部门责令改正并予公告，没收违法所得，可以并处违法所得 4 倍以下的罚款；没有违法所得的，可以处 20 万元以下的罚款。构成犯罪的，依法移送司法机关追究直接责任人的刑事责任。《刑法》第二百一十六条规定，假冒他人专利，情节严重的，处 3 年以下有期徒刑或者拘役，并处或单处罚金。

销售不知道是假冒专利的产品，并且能够证明该产品合法来源的，由管理专利工作的行政部门责令停止销售，免除罚款处罚。

（二）直接向人民法院提起民事诉讼

企业如果发现假冒专利的行为对自己产品市场造成影响的，也可以直接向人民法院提起民事诉讼，要求对方停止假冒专利行为，并对造成的损失进行赔偿。诉讼程序与专利侵权诉讼程序基本相同。

以下就是专利权人应对假冒专利的案例。

案例链接 5 - 7 ❶

2000 年 3 月，原告赵某取得"燃煤皮带转运除尘站"专利，随后，该项专利技术所拥有的广阔市场前景被他的朋友被告于某看中。2000 年 10 月 22 日，赵某与丹东 A 环保设备有限公司、于某签订《C - 3 全自动除尘设备专利技术使用授权书》，于某当时为丹东 A 环保设备有限公司的法定

---

❶ 于溢江. 辽宁首起专利假冒案件终审判决［EB/OL］. （2008 - 04 - 02）. http://www. sipo. gov. cn/albd/2008/200804/t20080402_366116. html.

代表人。2003 年 3 月，于某又重新注册了一家公司即丹东 B 环境设备有限公司，并在新公司的产品使用说明书中仍然印有赵某的专利号进行生产、销售、对外招标等活动。

据原告赵某介绍，被告于某没有按照《C－3 全自动除尘设备专利技术使用授权书》的约定，给予他合同约定的专利使用费，而且原告也未授予丹东 B 环境设备有限公司专利使用权，因而原告认为于某和丹东 B 环境设备有限公司未经他的许可而擅自使用原告的专利号进行生产、宣传、销售活动是假冒专利行为，并严重地侵害了他的合法权益。

2007 年 2 月 12 日，赵某一纸诉状将丹东 B 环境设备有限公司和于某告上法庭，要求两被告停止假冒他的专利行为，并赔偿其经济损失 100 万元。

被告律师辩称，赵某的专利技术部分属于公众技术，而且原告与于某已经签订了专利技术使用授权书，而于某作为丹东 B 环境设备有限公司的法定代表人，因而被告丹东 B 环境设备有限公司生产、销售产品行为应该视为对原告专利技术的合理使用，不应该被认定为是生产、销售假冒他人专利产品。此外，丹东 B 环境设备有限公司在几年的生产和销售过程中已经取得了皮带机落差点粉控制技术的专利技术。

经法院审查认为：2000 年 10 月 22 日，赵某与于某签订《C－3 全自动除尘设备专利技术使用授权书》，赵某授权于某使用专利技术，并由于某交付使用费，落款为丹东 A 环保设备有限公司、于某，于某系当时的法定代表人。但于某却迟迟没有支付原告专利技术使用费，因为专利产品的生成必然要依托生产企业进行，根据合同有关条款，结合合同目的，应理解为赵某授权于某及其 A 环保设备有限公司生产专利产品的权利，但是于某及 A 环保设备有限公司均无权再授权他人使用原告的专利技术，因此，丹东 B 环境设备有限公司不拥有该专利的使用权。

丹东 B 环境设备有限公司未经原告许可在产品使用说明书中使用他人专利号，必将导致将其销售产品所涉及的技术误认为是他人的专利技术的严重后果，从而构成假冒他人专利的行为，应承担停止假冒行为，赔偿经济损失的责任。

2007 年 7 月 2 日，沈阳市中级人民法院在综合考虑了被告利用该说明书进行广泛宣传，在促成有关产品交易中所起的误导作用，产品销售范围较广，数量较多与原告专利产品的用户群近似等情节，并结合被告侵权的主观过错，作出一审判决：（1）被告丹东 B 环境设备有限公司停止假冒原告专利行为；（2）赔偿原告的经济损失 25 万元。

本节要点

1. 假冒专利行为很多是因为专利标识不正确引起的，有些为企业疏忽所致，应严格管理，规范专利标识行为，以免招来不必要的处罚。

2. 企业如果发现有他人假冒专利的行为对自己产品市场造成影响的，可以向管理专利工作的行政部门进行举报，由管理专利工作的行政部门进行处罚。

3. 企业如果发现有他人假冒专利的行为对自己产品市场造成影响的，也可以直接向人民法院提起民事诉讼，要求对方停止假冒企业专利行为，并对造成的损失进行赔偿。

第四节　展会知识产权的保护和事务处理

随着展会业的迅速发展，展会知识产权保护问题越来越得到重视。在我国，国务院相关部门及部分地方政府先后都出台了展会知识产权保护的相关办法，例如商务部、国家工商行政管理总局、国家版权局、国家知识产权局于 2006 年 1 月 10 日联合颁布的《展会知识产权保护办法》、北京市人民政府于 2007 年 11 月 24 日发布的《北京市展会知识产权保护办法》、广东省自 2012 年 10 月 15 日起施行的《广东省展会专利保护办法》、广州市人民政府于 2009 年 8 月 18 日颁布的《广州市展会知识产权保护办法》等。

一、展会知识产权保护的概念

展会知识产权保护是指在各类展览会、展销会、博览会、交易会、展示会等展会中有关专利权、商标权、著作权的保护。展会知识产权保护的客体在有些情况下是指展会承办方本身的知识产权，包括展会名称权利、展会 LOGO 权利、展会布局及展台设计权利等，更多情况下是指参展商参展的产品和服务所涉及的知识产权。展会知识产权保护是综合性的，包括申请停止侵权的司法保护措施、行政查处、参展合同保护、展会行业协会调解等。

二、展会知识产权保护的特征

因为展会时间短和参展人员聚集特点，展会知识产权保护相对于一般知识产权保护具有特殊性。

（一）展会知识产权保护取证难

展会一般就几天时间，如果事前未作准备，发现侵权现场取证难度相当大，这给管理知识产权工作的部门执法带来很大困难。如果在展会期间未搜集到足够证据，等到展会结束再去追究侵权人责任相当困难，将给权利人带来非常不利的后果。另外，参展商带到展会的商品数量通常不多，很容易在管理知识产权工作的部门取证之前隐藏证据，导致取证困难。

（二）展会知识产权保护的技术性障碍大

展会参展的产品很大一部分都是代表最新技术的新产品，而且很可能是首次面世，依附了大量的新的知识产权（特别是新的专利技术），给管理知识产权工作的部门和司法部门处理展会知识产权纠纷在技术层面提出更高的要求。

（三）展会知识产权保护的方式综合性

展会知识产权保护因其特殊性，仅依靠传统的行政、司法双轨保护方式不足以解决展会知识产权纠纷，还要依赖展会主办方与参展方签订合同、展会行业自律等方式来进行保护。例如，德国就是通过建立司法、行政、展会主办方自律保护这种综合性保护体系，来解决展会知识产权保护问题的。美国要求参展方和主办方签订独特的参展合同事先约定参展方和主办方的权利义务方式来加强展会知识产权保护。

三、参展前的知识产权保护措施

（一）参展前申请获得知识产权

依法获得知识产权是知识产权保护的前提。参展商应在参展前主动申请获得知识产权，例如，对新产品申请获取专利权，对新的品牌名称和标示申请获取注册商标。另外，在参展前确认参展产品涉及的知识产权是否处在有效状态。参展商应尽量不将还没有申请专利的产品拿去参展，而且尽量对未上市的新产品不作公开展示，防止成为仿冒者猎取的目标。

（二）与展会举办方订立知识产权保护条款

参展商应在与展会举办方签订的合同中约定知识产权保护条款，明确展会举办方保护参展商知识产权的义务，促使举办方有效履行保护职责。例如，可以在合同中约定展会举办方有义务保护参展商的知识产权，一旦接到权利人的投诉，对涉嫌侵权的参展商要暂停其展出，移交相关知识产权行政管理部门处理，对确定侵权的，应要求侵权人撤展；展会举办方应当对参展商的身份、参展项目和内容进行备案，在参展商提出合理要求时，为其出具相关事实证明；对涉嫌侵权的参展项目，展会举办方应协助权利人进行证据保全等。

（三）通过检索举办方提供的知识产权目录查找涉嫌侵权的参展商

在展会开始前，可以通过检索展会举办方公布的本次展会备案的知识产权保护目录，重点查找相同或类似行业中是否有别的参展商提供的展品与本企业的产品相同或类似，其展品的外观、功能、原理、工艺、技术等是否与本企业的产品相同或近似，其产品名称、商标、企业名称是否与本企业的产品相同或近似。如果通过查询目录即可以判断其涉嫌侵权，可以立即向展会举办方或相关知识产权行政管理部门投诉；如果仅看目录还不能确认，可以到展会现场进一步核实。

（四）熟悉展会举办方的知识产权侵权投诉机制

在参展前，参展商应熟悉展会举办方制定的知识产权保护管理规定，了解举办方设立的投诉机构、投诉程序、举办方的查处职责、查处措施等规定。展会时间在 3 日以上的，展会举办方一般会在展会期间设立知识产权投诉机构。如果举办方既没有制定知识产权保护管理规定，也没有设立投诉机构，权利人可以事先了解一下展会举办地相关管理知识产权的行政管理部门（主要是地方知识产权局、工商局和版权局）的联系方式，所在位置等，一旦发现侵权行为，可以立即投诉。一些地方还专门设立了知识产权快速维权或举报投诉中心，权利人也可以直接向知识产权快速维权或举报投诉中心投诉。

（五）提前准备好证明文件和材料

由于展会时间短，且参展人员可能身处外地，一旦有知识产权方面的纠纷发生，无论是作为投诉方还是被投诉方，都存在时间紧、开展工作不方便等问题。因此，权利人应在参展前准备好知识产权的权利证书及其他有关证明材料，在参展时一同带来。一旦发现侵权行为时，可以及时有效地投诉。如果是被投诉，也可以及时提供证明文件进行抗辩。

四、参展过程中的知识产权侵权纠纷的处理

（一）收集证据

在参加展会期间，知识产权权利人发现展会上其他参展商有涉嫌侵犯

知识产权行为的，应通过获取宣传资料、拍摄相片或录像录音等方式及时收集证据，为制止侵权行为提供有力的证据支持。另外，展会时间一般较短，而对知识产权侵权行为的认定通常又需要较长时间，多数侵权案件难以在展会期间得到解决，一些侵权纠纷可能还需要通过司法途径解决，因此权利人有必要申请展会举办方对涉嫌侵权的参展项目拍摄取证，也可以邀请公证机构到现场保全证据，为制止侵权行为提供有力的证据支持。

（二）向展会方承办方投诉

比较知名的展会承办方一般都会制定该展会的涉嫌侵犯知识产权的投诉及处理办法，并设立相应的部门机构来处理涉嫌侵犯知识产权的投诉工作。例如，广交会业务办设立的知识产权和贸易纠纷投诉接待站（以下简称"投诉站"）负责当届、当期的知识产权相关内容投诉及处理。在展会举办期间，广交会邀请政府有关知识产权行政执法部门或相关机构派员以专家身份驻会参加投诉站的工作，投诉站根据专家意见对投诉作出处理。下面以广交会为例来介绍专利侵权纠纷接受投诉、流程事务的处理。

1. 投诉人提交相关文件

投诉人投诉，应当首先向投诉站提交相关文件以确认符合投诉的条件。投诉人需提交的文件：（1）专利证书、专利公告文书；（2）专利权人身份证或工商登记证；（3）委托授权书原件及代理人身份证，委托授权书需由专利权人签名或由法定代表人签名（须附签名人身份证复印件）并加盖单位公章；（4）专利法律状态证明（专利登记簿副本或由专利信息中心提供的检索证明）；（5）专利实施许可合同的被许可人需提交许可合同及被许可人的身份证明文件；（6）专利权的合法继承人需提交专利权合法继承的证明文件；（7）投诉人为外国人，需提交身份证件及能证明其权属关系的当地宣誓公证和我国驻当地的使领馆的认证书，材料是外文的需有中英文对照；投诉人是我国的香港、澳门、台湾地区的，需提交有关公证认证文件，如非权利人应提供授权委托书；（8）投诉人或投诉代理人的广交会证件。

投诉站工作人员审验上述有关文件，确认有效后方可允许投诉人投诉。投诉人未能出示权属证明文件或授权文件的或者出示的相关文件经投诉站工作人员审验发现无效的，投诉站可以不受理投诉。另外还要注意的是，上届投诉站处理过的专利权投诉而本届再次发现的同一侵权个案，投诉人还应出示在上届广交会闭幕后通过法律途径跟踪处理的法律文件。投诉人不能出示相关文件的，投诉站可以不予受理。投诉站一般不受理同一投诉人就同一专利权向同一被投诉人提出的重复投诉。

无特别说明，以上文件均提交复印件并带原件到现场核对。

2. 投诉人填写《提请投诉书》

知识产权权利相关证明文件经投诉站工作人员审验有效后，投诉人应按要求填写《提请投诉书》。

3. 投诉站处理

投诉站收到投诉人的《提请投诉书》后，安排工作人员进行处理。首先，投诉站工作人员应到被投诉人的展位进行现场调查、送达相关文书，听取双方当事人意见，查明事实、分清是非责任，组织双方当事人进行调解。参展商应当接受展会专利投诉调解，拒绝配合调解的，展会主办方可以按照约定解除合同，取消参展。调解达成协议的，应当当场制作调解协议书，并由双方当事人签收后发生效力；不接受调解或者调解不能达成协议的，展会主办方应当按照参展合同的约定进行处理。展会主办方对涉嫌侵权的展品，应当要求被投诉人按照合同约定立即采取撤展措施。

被投诉人依调解协议执行后有异议的，应当在 24 小时内通过展会专利投诉处理机构向展会主办方提出书面意见，并提交相应的证据。被投诉人的异议成立的，视为原双方达成的调解协议无效，展会专利投诉处理机构应当在 24 小时内通知被投诉人恢复展示，并书面告知投诉人。被投诉人的异议不成立的，原双方达成的调解协议有效。

4. 管理专利工作的部门处理

根据《广东省展会专利保护办法》规定，展会举办时间在 3 日以上，所在地县级以上人民政府管理专利工作的部门认为需要派员驻会的，可以派员驻会，并设立临时的专利侵权纠纷受理点，接受专利权人或者利害关系人提出的专利侵权纠纷处理请求，对符合受理条件的依法予以受理。

管理专利工作的部门对事实清楚、证据确凿充分、争议不大并且符合下列条件之一的专利侵权纠纷案件，可以适用简易程序处理：

（1）专利权人或者利害关系人仅要求被投诉人停止在本届展会中的侵权行为。

（2）已经生效法律文书认定专利侵权的。

（3）被投诉的参展展品的技术方案或者外观设计与发明、实用新型或者外观设计专利权相同的。

（4）其他可以适用简易程序的情形。

适用简易程序受理的案件，管理专利工作的部门应当及时将案件受理通知书等相关文书材料送达双方当事人。被请求人应当在收到案件受理通知书等相关文书材料24小时内进行答辩和举证，逾期未答辩和举证的，不影响管理专利工作的部门的处理。按照简易程序处理的专利侵权纠纷案件，管理专利工作的部门应当在被请求人申辩期满后24小时内进行审理，调解不成的作出处理决定。

适用普通程序向管理专利工作的部门申请处理或向法院提起民事诉讼，程序与本章第一节一样，在此不再赘述。

本节要点

1. 展会知识产权保护是指在各类展览会、展销会、博览会、交易会、展示会等展会中有关专利权、商标权、著作权的保护。目前我国各种展会已广泛开展知识产权保护工作。

2. 参展商在参展前应主动申请获得知识产权，并确认参展产品涉及的知识产权是否处在有效状态，尽量不将还没有申请专利的产品拿去参展，避免成为仿冒者猎取的目标。

3. 参展商应与展会举办方签订的合同中约定知识产权保护条款，明确展会举办方保护参展商知识产权的义务，促使举办方有效履行保护职责。

4. 在参展前，参展商应熟悉展会举办方制定的知识产权保护管理规定，了解举办方设立的投诉机构、投诉程序、举办方的查处职责、查处措施等规定，以便在展会期间发现侵权行为及时采取有效的保护措施。

5. 权利人应在参展前准备好知识产权的权利证书及其他有关证明材料，在参展时一同带来。一旦发现侵权行为时，可以及时有效地投诉。如果是被投诉，也可以及时提供证明文件进行抗辩。

6. 在参加展会期间，知识产权权利人发现展会上其他参展商有嫌侵犯知识产权行为的，应通过获取宣传资料、拍摄相片或录像录音等方式及时收集证据，为制止侵权行为提供有力的证据支持。

7. 在参加展会期间，知识产权权利人发现展会上其他参展商有嫌侵犯知识产权行为的，向承办方设立的"投诉站"进行投诉是快速解决侵权纠纷的措施。投诉时，知识产权权利人要提交相关文件并经投诉站确认后填写提请投诉书。

8. 投诉站工作人员应到被投诉人的展位进行现场调查、送达相关文书，听取双方当事人意见，查明事实、分清是非责任，组织双方当事人进行调解。展会主办方对涉嫌侵权的展品，应当要求被投诉人按照合同约定立即采取撤展措施。

思 考 题

1. 什么是专利侵权？专利侵权行为主要包括哪些？简述专利侵权如何判定。

2. 专利权人解决专利侵权纠纷的途径有哪些？各种方式的优缺点是什么？

3. 简述请求专利管理部门处理专利侵权纠纷的程序。

4. 请求专利管理部门处理专利侵权纠纷需提交哪些材料？

5. 证明专利侵权行为的证据主要有哪些？

6. 简述专利侵权诉讼的程序。

7. 提起专利侵权诉讼需要提交哪些材料？

8. 专利侵权诉状主要包括哪些内容？

9. 请列举 3 条以上专利侵权诉讼抗辩理由。

10. 什么是假冒专利行为？

11. 处理假冒专利行为的途径有哪些？

12. 简述假冒专利行为的法律责任。

13. 简述展会知识产权保护的主要措施。

主要参考文献

［1］洪小鹏．中小企业知识产权管理［M］．北京：知识产权出版社，2010.

［2］陶鑫良．知识产权基础［M］．北京：知识产权出版社，2006.

［3］杨铁军．企业专利工作实务手册［M］．北京：知识产权出版社，2013.

［4］国家知识产权局，国家知识产权局专利局专利文献部．专利文献与信息检索［M］．北京：知识产权出版社，2013.

［5］李建蓉．专利信息与利用［M］．2版．北京：知识产权出版社，2011.

［6］王澄．机械领域发明专利申请文件撰写与答复技巧［M］．北京：知识产权出版社，2012.

［7］法律出版社法规中心．中华人民共和国专利法注释本［M］．北京：法律出版社，2014.

［8］马晓东，李德成．知识产权律师实务与法律服务技能［M］．北京：法律出版社，2011.

［9］中华全国专利代理人协会．提升知识产权服务能力　促进创新驱动发展战略：2014年中华全国专利代理人协会年会第五届知识产权论坛优秀论文集［M］．北京：知识产权出版社，2014.

［10］汤宗舜．专利法解说［M］．北京：知识产权出版社，2002.

［11］尹新天．中国专利法详解［M］．北京：知识产权出版社，2011.

［12］程永顺．专利纠纷与处理［M］．2版．北京：知识产权出版社，2011.

［13］冯晓青．企业专利管理若干问题研究［J］．湖南文理学院学报（社会科学版），2007（02）.

后　记

改革开放以来，我国经济社会发展取得了令人瞩目的成就，中小微企业快速发展，已经成为支撑经济发展的重要力量，在促进就业、促进经济增长和科技创新等方面具有不可替代的作用，对国民经济和社会发展具有重要的战略意义。中小微企业是经济发展的生力军，尤其是科技型中小微企业，虽然规模小，但发展潜力大、活力强，对知识产权高度依赖。然而，中小微企业大多处于产业链低端，面临企业规模偏小、产品附加值偏低、创新能力偏弱、核心竞争力不强等诸多困难，需要加快转型升级、走创新发展之路，才能适应经济发展的新要求。这就需要采取切实有效的知识产权帮扶措施来促进企业健康持续发展，需要加大力度推进企业专利工作的队伍建设和制度建设，需要加强中小微企业知识产权人才培养，进而不断提升中小微企业知识产权创造、运用、保护和管理能力。2014 年 11月，国家知识产权局印发《关于知识产权支持小微企业发展的若干意见》，其中明确将小微企业的业务骨干培养纳入年度全国知识产权人才培训计划。

广东省佛山市南海区地处珠三角地区，中小微企业众多，在地方经济发展中发挥着重要作用。为激发中小微企业活力，支持创新创业发展，自2013 年 5 月起，佛山市南海区人民政府与中国知识产权培训中心合作开展了"企业专利管理师千人培训计划"。在扩充企业知识产权人才储备、提高人才素质和实务技能、提高企业创新成果转化能力等方面积极开展工作，深入探索研究适合中小微企业的知识产权人才培养模式。根据企业需求和特点，企业专利管理师培训主要针对企业管理人员、法务人员和技术研发人员进行，分初级、中级和高级 3 个层级。培训采用理论与实践相结合的方式进行，企业学员通过"中国知识产权远程教育平台南海分平台"进行在线学习并参加理论考核，参加实务培训和面授辅导，并在专利特派员的帮助下参与企业专利管理实践活动。这种"网络培训（理论教学）＋面授辅导（实务培训）＋企业实践"三位一体的企业专利管理人才培养模式，取得较好效果。2013 年 12 月，国家知识产权局批复同意在佛山市南海区设立"国家中小微企业知识产权培训（南海）基地"。

按照该培训基地的工作进度安排，在国家知识产权局人事司的指导下，我们根据在上述培训工作中对企业需求调研、学员学习反馈意见等情况的了解和分析，借鉴先进地区经验，进行企业专利管理师（初级）培训教材的编写工作。在教材的内容研究、起草、修改过程中，我们得到了国家知识产权局人事司、广东省知识产权局的指导和帮助，得到了佛山市南海区知识产权局的大力支持。经多次修改完善，编写形成了专利管理师（初级）培训教材的实务部分——《中小企业专利管理实务（初级）》。

本书得以出版，感谢国家知识产权局的组织领导！感谢广东省知识产权局、中国知识产权培训中心的关心和支持！感谢编委会、评审组专家的悉心指导！感谢知识产权出版社领导、编辑的精心指导和帮助！感谢佛山市南海区知识产权局和南海区知识产权协会为教材编写所做的大量工作！感谢编写人员的辛勤劳动与奉献！由于针对企业专利管理人员的培训还在实践探索中，本书难免存在疏漏和不当之处，敬请各位读者不吝赐教，一并致谢！

在此，谨向曾经在培训工作和本书编写过程中给予过支持、帮助和指导的各位领导、各位专家以及有关企业致以衷心的感谢！

国家中小微企业知识产权培训（南海）基地
2016 年 3 月